Good Reasons for Bad Feelings

Insights from the Frontier of Evolutionary Psychiatry

给坏情绪
一个好理由

Randolph M.Nesse, MD

[美] 伦道夫·M. 尼斯 著

钟欣奕 译

CBK 湖南科学技术出版社

致我的患者，感谢你们指教

序言

当我第一次意识到演化生物学或许可以为精神障碍提供新的解释时，就立刻产生了写这本书的念头。但不久后我发现，应该先弄清楚为什么身体容易受到疾病的影响。这个问题是我和优秀的演化生物学家乔治·C. 威廉斯（George C. Williams）合作项目的焦点所在。我们撰写了一系列技术论文和书籍《我们为什么会生病：达尔文医学的新科学》（*Why We Get Sick: The New Science of Darwinian Medicine*）。这本颇受欢迎的书有助于启发很多关于探索演化医学目前繁荣发展领域的新研究。自那时起，我的职业生涯就同时致力于将演化生物学引进医学领域，以及帮助那些患有精神障碍的患者。而这两项任务的联系十分紧密。

从事精神病治疗工作能带来极大的满足感。治疗见效的话，患者会心存感激。这项工作不仅可以学到很多有趣的知识，也会让精神世界很充实。每位患者都是一道谜题。为什么这个个体会出现这些症状？哪种疗法最有效？不过，有时透过我那舒适办公室的窗户，我仿佛看到一场海啸肆虐淹没了数以百万计的精神障碍患者，他们得不到帮助，也无处可逃。这些昏暗的幽灵启迪我提出更大的问题：精神障碍到底为什么会存在？为什么会有这么多？为什么都如此相似？自然选择本可以消除焦虑、抑郁、成瘾、厌食，以及淘汰引发自闭症、精神分裂症和躁狂抑郁症的基因。但是，它并没有这么做。为什么呢？这些都是很好的问题。本书旨在说明和思考为什么自然选择任由我们易感疾病，这有助于理解精神疾病，提高疗效。

书中提供的答案仅供参考，并非结论；有些可能到最后才发现是错误的。但是，对于一个新领域的早期发展阶段来说，只要想法可以付诸实践验证，就不应为犯错而感到气馁。正如达尔文所说："错误的观点，如果找到证据支持，就不会有什么害处，因为人人都乐于求证自己的错误：一旦得到证实，就可以排除一条犯错之路，通常，也会同时开辟出另一条走向真理的道路。"[1]

精神病学中的不休争论和缓慢发展，激起了很多呼吁为精神障碍寻找新方法的声音。演化生物学并不是新事物，而是理解正常行为的完善科学基础。但是，它与异常行为的相关性最终也会被发现。为什么身体容易受疾病影响？演化医学不仅为这个问题提供了新的解释，而且正在系统应用于精神障碍方面。探索演化精神病学前沿领域的时机已经成熟。

我希望这一领域能采用其他名称。演化精神病学并非一种特定疗法，而且，其他心理健康领域的专业人士也会乐于采用演化的角度看问题。更准确的描述是"采用演化生物学的原则以促进不同职业对精神障碍的理解和治疗，如精神病学、临床心理学、社工、护理等"。要完成这项庞大工程实属不易，因此，本书从宽泛的角度介绍演化精神病学的前沿研究。

　　精神障碍对人类造成的困扰实在太大，所以我们都在急切地寻求解决方法。演化精神病学目前发挥了一些实践作用，不过，如果研究者、临床医师和病患都一起思考和回答由根本角度不同而发现的新问题，那样就会获得更丰厚的回报。同时，演化精神病学还提出了哲学见解。几乎人人都曾思考过，为什么人生充满如此多苦难。部分回答是，自然选择塑造了焦虑、低落和悲伤等情绪，因为它们都有用处。而更多回答源于认识到，这些苦难通常都有益于我们的基因。有时，痛苦的情绪虽为正常，但没必要出现，因为情绪缺失会付出巨大代价。演化视角还为其他问题提供了充分理由，如为什么我们拥有满足不了的欲望、无法控制的冲动和频现冲突的关系。然而，最深刻的见解可能是，演化解释了人类具备惊人的爱和行善能力的起源，以及为什么这些能力要以悲伤、内疚和极其在乎他人对自己的看法为代价。

2018年7月

目录

1

精神障碍为何如此令人费解？

第1章
一个新问题

如果有1个小时来解决性命攸关的难题，我会用前55分钟来思考如何提出一针见血的问题，因为一旦问到实处，难题便可在5分钟内迎刃而解。

—— 艾尔伯特·爱因斯坦（Albert Einstein）

约好的精神科住院医师提前5分钟敲响了我办公室的门，我心想肯定发生了什么事。当时，他身边还站着一位新患者。

"给你提个醒儿，"他说，"这位患者是来找答案的。"

"她遇到什么问题了？"我问道。

"她想弄清楚，为什么每个人给她的解释和建议都不一样。她完全不相信精神病医生那一套。她今早凌晨5点就起床，从州北部一路开车到这里，就是想听听名牌大学医院的名医有什么高见。"他说的是我和这所享誉盛名的大学医院，但听起来话中带刺。

我询问大致病情，他随即做了简述：

"她今年35岁，已婚，有3个在上小学的孩子。过去一年，健康状况、孩子、经济条件、驾车等所有事情几乎都会让她心生忧虑，而且情况渐趋严重。她常有胃不适感，每月有一两次恶心想吐，但体重没有下降。她说自己烦躁易倦，很难入睡，对什么都提不起劲，但无自杀倾向和其他抑郁症状。她家里也是忧虑弥漫，但无任何突发状况。她的家庭医生未能查明病因。依我所见，这是普遍性焦虑障碍，可能是心境恶劣障碍或躯体化障碍。我很好奇你是怎么想的，你会怎么回答她。"

在测试室见到A女士时，她很热情地跟我们打了招呼。当我问及她有什么需要帮助时，她说话的声音忽然变得紧张起来。"想必你旁边这位年轻医生已经跟你说了我的问题。我从州北部开了5个小时的车到这里，只想问个究竟。"

我尝试以将心比心的口吻跟她对话："我的理解是，你在寻求帮助的过程中遇到了困难。"我话音刚落，仿佛打开了她的话匣子。

"我不仅没得到任何帮助，而且每位专家给我的解释都很不一样。先说我的牧师吧。他人很好，富有同情心，但多数时候只是建议我祈祷，接受上帝对我的安排。我尝试过了，但我猜大概是我的信念还不够坚定吧。之后，我也跟家庭医生谈了。他没给我做任何测试，只说我是神经过于紧张。他说治疗焦虑的药物容易吃上瘾，所以只给我开了胃药，但并没有什么帮助。

"家庭医生介绍我去看治疗师，每周两次，但费用太贵了。那个治疗师不怎么说话，一旦开口，要么一直问起我的童年，或者暗示我意淫过自己的父亲，这是绝不可能的！当我告诉他我的情况越来越糟时，他却说我在逃避回忆。于是，我决定不看治疗师了，但他还继续把其余疗程的账单发给我。

"情况一直没有好转，所以我又翻通信录，找了一位离家够远的精神科医生，这样不容易被旁人发现。那位医生说，我患的是遗传性大脑异常，这种化学物质失衡只能通过药物调节。但他同样没给我做任何血液检查，而且我还看到药物说明上写着，这些药或引起自杀行为。所以，我决定自己来大学里咨询。我每天都很焦虑，睡不着，没食欲，还会因孩子的事情不停地给我丈夫打电话。因此，我希望你能帮帮我。"

"难怪你会这么心烦意乱，"我说，"4位不同专业人士给出了4种不同的解释和建议！而且，我和他们的想法也可能不一样。为了找到最佳解决方法，我们可以多问几个问题吗？"

她表示愿意提供更多细节。她说自己一直焦虑，而且她母亲也常感到紧张不安。她从未有过被虐待的经历，但常受到父亲的严厉批评。小时候，她每隔几年都会搬一次家，所以总是无法和同学融洽相处。她的婚姻状况稳定，但和丈夫时常发生矛盾，尤其是在丈夫频繁出差以及怎么照顾患有多动症的大儿子等方面。她平时会"小酌几杯"葡萄酒助眠。她还说，这种焦虑状况从两年前开始恶化，那时她最小的儿子刚好上幼儿园，自己刚开始减肥。她没有要停下来的意思，接着说："但这些都和我的问题没关系。我来这里是想搞清楚，这究竟是神经症、脑部疾病，还是由于压力或其他因素导致的。"

我随即解释，她的种种症状是由遗传倾向、早年生活经历、目前生活状况和嗜酒等综合因素引发的。她听后眉头紧锁。我继续解释道，大多数人都会过度焦虑，但适当焦虑是有益的，因为焦虑不足也会导致严重后果。听到这儿，她表情一亮，应声说："有道理。"我给她介绍了几种安全有效的治疗方法，并介绍说她家附近就有一位很棒的认知行为治疗师，或许他能帮得上忙。她听完整个人一下就放松了，欣慰地说："大老远跑这一趟，也许真值了。"最后，她起身走出办公室，临别前与我四目相对，说了一句至今还在我耳边回响的话："你们这整个领域都让人摸不着头脑。这你应该知道吧？"

我从未对自己清楚地承认过这一点。按理说，精神科医师应该帮助病患面对他们所逃避的问题。但这次恰恰相反，是A女士帮我认清了事实。我通常都会改动病例报告的某些细节，以避免患者被朋友、亲戚甚至自己认出。但如果A女士读到这里，发现是自己30年前的经历，她很可能会高兴地看到，自己那句尖锐的评价粉碎了我拒不承认的执迷，促使我萌生拨开那团迷雾的念头。

精神科住院医生

早年在担任精神病学助理教授期间，我就像一名战地记者，被安插在一家有医学教授、住院医师和临床护士的医疗诊所。诊所里许多患者都有精神问题，所以我能帮上不少忙。此外，诊所还指望我能帮助住院医生更加理解患者的情绪生活。住院医生们确实因此得到了某种程度上的帮助，但这对我的影响更为深远。当亲眼看见并体会了治疗大量患者所带来的紧张情绪后，我这才开始重视打造坚固防线来保护心理健康的必要性。

常有内科医生请我与患者谈话，那些患者试过看精神科医生，但都发誓"下不为例"。有人抱怨治疗师不怎么说话，看了几个月都不见效；有人不满医生看诊几分钟就给患者开药方，而且那些药吃完会引起副作用。有些人向我讲述了一位耐心细致的治疗师如何改变了他们的生活；还有些人描述了几个月来他们如何密切配合医生，最后终于找到有效的药物。然而，大多数疗效良好的患者都不会分享自己的治疗方法，我也很少受邀去看望那些恢复不错的患者。所以，我见到的很多都是持怀疑态度的患者。多年来，我每周都要花好几个小时来听他们倾诉。但因过于急切地想说服他们接受帮助，以至于我从未真正理解他们对沮丧感的一致控诉，直到A女士一语道破：精神病学领域令人深感困惑。

但这也并不代表精神病治疗没有效果。有几个医学院同学听到我的职业选择后，曾一脸同情地对我说类似"总得有人照顾那些无法医治的患者"这样的话。这种普遍的误解纯属空穴来风。因为几乎所有精神问题都是可以医治的，通常还能达到持久治愈的治疗效果。恐慌症和恐惧症患者的病情都确信能得到改善，所以只有以让患者重获完整生活为乐，治疗过程才不会显得枯燥无趣。

一名患有广场恐惧症的女性患者在房车内待了一年，她接受治疗几个月后，自行驱车一个小时去见她的姐妹。一名患有严重社交焦虑、无法与同事共进午餐的木匠，治疗结束一年后回来告诉我们，他有多喜欢在全州巡回公开演讲的新工作。甚至还有些患有严重障碍的患者也获益匪浅。上周，我突然收到一封邮件，发件人是一位在25年前患有严重强迫症的患者，信中说接受治疗后情况已经有所改变，这很有可能救了她的命。对此，她表示由衷感谢。

很多书都抨击精神病学领域，但这本书并非如此。的确，大型制药公司的巨额投资令精神病学比其他医学领域更易滋生腐败。追求利益最大化的行业赞助广告和专业"教育"，过分简单地将所有情绪障碍都当成需要药物治疗的脑部疾病。然而，我认识的绝大多数精神科医生都是细心周到、兢兢业业、绞尽脑汁地在帮助患者。有一位精神科住院医师，他的患者大多都存在酗酒问题，因此为了让患者能按时上班，他每天早上6点准时到医院，一直工作到下午7点。我另一个朋友也是位精神科医生，接手了情况最难处理的边缘型患者，尽管他知道自己可能半夜会接到患者威胁要自杀的电话。此外，还有许多治疗极度抑郁或精神错乱疾病的精神科医生，他们明知道有些患者会自杀，自己也可能因此受到指责。我们当中很多人时而会半夜惊醒，担心处在险境中的患者，思考如何能帮助他们。不过，庆幸大多数患者情况都有所改善，在应对如何帮助病患这一挑战上，精神病学科的实践交出了令人相当满意的答卷。

相比之下，对精神障碍做出解释的这道难题却相当不尽如人意。在当精神病学老师的那几年里，我不仅沮丧，而且很困惑。这个领域似乎变得狭隘，"精神障碍即大脑疾病"的观点甚嚣尘上。这句话虽适用于推销药物、减轻羞耻感和索求捐款，但是其含义太过笼统模糊。

这一观点有时的确属实，但却片面排除了行为主义、精神分析、认知疗法、家庭动力、公共健康和社会心理学等重要因素。单从一个角度看精神病学科问题，就好比生活在四面筑墙的中世纪城镇。而尝试从不同角度看事物，就像参观这些处在围墙之内的城镇。要想全面了解精神疾病，需要戴上能显示演变演化和历史发展过程的特殊眼镜，从高处俯视。

何为精神障碍的诱因？

正如盲人摸象（6个盲人只能从各自角度摸到大象的不同部位），治疗精神障碍的每种不同方法，也只强调一个起因和一种相对应疗法。例如，归因于遗传因素和大脑障碍的医生会建议药物治疗；归因于早年经历和精神冲突的治疗师推荐心理治疗；注重模仿学习的临床医生提倡行为疗法；关注扭曲性思维的医生强调认知疗法；带有宗教倾向的治疗师偏向冥想和祷告；而认为大多数问题都源于家庭动力的治疗师，不出意外都会建议家庭治疗。

1977年，认识到这一问题的精神病学家乔治·恩格尔（George Engel）提出了"生物—心理—社会模型"（bio-psycho-social model）这一综合法。[1]自那以后，每年都有人反复呼吁这种综合模式，因为精神病学已不幸出现了分裂，真要说起来，这种分裂还一直在加剧。大家对各种精神障碍的混乱现状视而不见，硬是削足适履地将其套入一个个模式当中。专家学者小组呼吁综合疗法，但拥有拨款和任期决定权的委员会却只支持具体的学科项目。

最近一次修订诊断体系手册的计划原有望提高认识的一致性，但结果却引发了更多冲突和混乱。著名精神病学家艾伦·弗朗西斯（Allen Frances）主持的委员会负责了该手册上一版本的编撰工作，定义了每一种精神障碍，即《精神障碍诊断与统计手册》（*DSM*）。[2]但从艾伦的新书书名就可以看出，他对*DSM*修订版有所不满——《拯救正常：一名内幕人士对失控的精神病诊断、第五版*DSM*、大型制药和日常生活医学化的反抗》（*Saving Normal: An Insider's Revolt Against Out-of-Control Psychiatric Diagnosis, DSM-5, Big Pharma, and the Medicalization of Ordinary Life*）。[3]关于诊断的话题争论不休，新闻社论通篇报道。最让人瞠目结舌的是，美国国家心理健康研究所（NIMH）竟弃用诊断精神障碍的*DSM*官方手册。[4,5]这对于一个建立共识的常用诊断体系来说，实属晴天霹雳！

通过查明引发精神障碍的大脑异常症状，曾为理清这一难题带来了新希望。1969年，我参加医学院入学面试时，表示自己想成为一名精神科医生，虽说这个想法可能不太明智。"你为什么会有这个想法？"面试官问道。"研究者很快就能发现导致精神障碍的大脑因素，所有问题都会通过神经学得以解决。"真是异想天开！40年过去了，数千名智慧超群的科学家花费数十亿美元，却仍未找出任何重大精神障碍的具体脑部诱因，除了阿尔茨海默病和亨廷顿氏舞蹈病，因为这些疾病的患者会长期出现明显的大脑异常症状。而对于其他精神障碍，我们仍未有实验室测试或扫描能做出明确诊断。

这着实让人大惊失色又大失所望。躁郁症和自闭症患者的大脑，肯定与其他人的有所不同。但脑部扫描和尸检研究只能识别出细小差异。这些差异虽真实可信，但微乎其微且反复无常。很难分辨出哪些是引发障碍的诱因，哪些是障碍导致的结果。放射科医师能确诊肺炎，病理学家也能诊断出癌症，但没有医师能够确诊精神障碍。

此外，基于遗传学的诊断方法也已经落空。精神分裂症、躁狂抑郁性精神病或自闭症几乎完全取决于个人基因，因此在进入千禧年之际，我们大多数精神病学研究者都乐观地认为，很快就能查明这些基因遗传病的罪魁祸首。然而，后来的研究均未发现对这些疾病产生重大影响的常见基因变异。[6]几乎每种变异都只能增加最高达1%的患病概率。[7]这是精神病学史上最重要，也是最令人沮丧的发现。但问题的关键在于，这一发现有何意义，以及我们接下来该做什么。

一众精神病学领衔研究者直面失败，坦言需要寻找新方法，这一举动值得称赞。《科学》（Science）杂志最近发表了一篇文章，数名研究者在文中写道："50年来，精神分裂症的治疗都没有取得任何重大突破；抑郁症的治疗也20年未取得显著进展……一无所获的研究结果令人沮丧，我们必须直视大脑的复杂性……需要换个新视角来看问题。"[8]生物精神病学会（Society of Biological Psychiatry）近期召开了一次会议，演讲征稿主题为"精神障碍治疗的范式转变"（Paradigm Shifts in the Treatment of Psychiatric Disorders）。2011年，美国国家心理健康研究所（National Institute of Mental Health）所长托马斯·因塞尔（Thomas Insel）表示："50年来，我们所做的一切努力，都不著见效……每次看到的自杀人数、残疾人数、死亡率等数据都是一塌糊涂，丝毫不见起色。或许，我们的确应该全盘反思这一方法了。"[9]

在精神科医生看来，遭遇生活危机。于患者而言，也是做出重大改变的机会。那么，精神病学也可以绝处逢生吗[10]？

从过去的演变展望未来

美国自然历史博物馆（Museum of Natural History）位于我们医疗中心以南的街区。博物馆大门是一扇沉重的铁门，门两侧摆放着两座大石狮子，我常带孩子来看恐龙化石，对这里很熟悉。但这次因受邀来此，我走进了挂着"闲人免进"门牌的房间，与多名科学家一起参加活动，他们每周都会相聚探讨动物行为。我刚听了一个小时就发现，他们的方法明显与我以往所学截然不同。

他们不局限于讨论大脑机制，还思考自然选择如何塑造大脑，以及行为如何影响达尔文适应度（Darwinian fitness）。适应度（fitness）是生物学术语，指一个个体的后代繁殖成功概率的大小。相比之下，某些个体能繁殖更多后代，因此其基因变异在后代中更普遍。而其他个体的后代数量低于平均值，因此基因变异也就不那么常见。在自然环境中，这一自然选择过程能塑造出极力追求达尔文适应度最大化的身体和大脑。

通常，处于中间值的为最佳性状。兔子的胆量不一，特别大胆的兔子容易成为狐狸的晚餐；怯懦的兔子一下子就被吓跑了，所以觅不到食；焦虑水平处于中间值的兔子，能繁殖更多后代，因此它们的基因更加普遍。有些人自己作死，做出些自我基因淘汰的蠢事，简直能获评"达尔文奖"（Darwin Awards）。例如，有个年轻人冒险将火箭助推器捆绑在汽车上，以每小时300英里（1英里＝1.6千米）的车速，撞上了峭壁悬崖。还有些人，连家门都不敢出。他们不会早死，也不会养育很多孩子。而焦虑程度较轻的人会生更多孩子，因此我们大多数人都处于中等焦虑水平。

我的新同事用一个简单原则来解释动物行为：选择以最高繁殖成功率为目的来塑造有机体的行为方式。这并不是理论假设，而是真实存在的原则。这也正是我寻找的生物学新解，不仅对行为做出解释，而且对有机体行为的起因做出解释。

旁听了好几周讨论会后，我终于鼓起勇气，分享了自己在大学时期萌生的想法。我认为，衰老的作用是确保每年都有个体死亡，如此一来，物种便可随着环境改变加速演化。现场讨论组突然陷入沉默，只有生物学家波比·劳（Bobbi Low）笑得前仰后合，上气不接下气地说："你没觉得自己是个演化盲吗？"这种善意的嘲笑，就像是看见一只在努力爬楼梯的小狗，忍俊不禁。波比和其他在场的人士解释说，如果拥有某种基因的个体后代数量低于平均值，那么即便这种基因对该物种有益，终究还是会遭淘汰。

波比推荐我去读演化生物学家乔治·威廉姆斯（George Williams）于1957年写的一篇论文。回家途中，我去了趟图书馆复印那篇论文。同很多人一样，这篇文章也改变了我对生命的看法。威廉姆斯指出，引起衰老的基因如果能在生命早期发挥积极作用，就会变得普遍，自然选择因有更多个体存活而更强。[11] 例如，冠状动脉钙化尽管是很多九十岁老人的致命病因，但只要它同时有助于骨折的孩子更快痊愈，就还是会普遍存在。该论文发表后曾引起巨大反响，在近期的60周年纪念日还特别发表了一篇回顾。[12]威廉姆斯给衰老和普通疾病都提供了一种截然不同的解释。如果衰老能从演化角度去理解，那么精神分裂症、抑郁症和饮食失调症又该作何解释呢？

接下来的几周，我从演化生物学新同伴那里了解到，自然界中的一切事物都有两种解释。其中一种常见的解释方法是描述身体的各种机制及其运作方式，生物学家称其为近因解释（proximate explanations）。另一种解释方法则是描述如何形成这些机制，生物学家称其为演化解释或终极因解释（evolutionary or ultimate explanations）。[13,14,15,16]我所受的医学教育都是关于生物学的近因解释（即描述各种机制），完全没有涉及演化解释（即这些机制如何形成）。

"演化解释是近因解释的必要补充"，缺乏这一认识会造成极大的困惑。如果要解释眉毛出现的原因，可能有人回答，这是由诱导特定位置的某种蛋白质合成的基因所致。也可能有人认为，还要描述眉毛形成的过程。还可能有人提出，要了解一下其他灵长类动物的眉毛。或许有人注意到，眉毛能防止汗水流入眼睛。又或许还有人会挑起眉头，说明眉毛也是种表情信号。前两种解释描述了近因机制，其他解释均为演化解释。

荣获诺贝尔奖的人种学家廷伯根（Niko Tinbergen）在1963年发表了一篇文章，进一步区分了近因解释和演化解释的差异。该文章提出了所谓的"廷伯根四问"，包括"何为机制""机制如何在个体中发展""机制的适应意义是什么"及"机制经历了怎样的演化过程？"。[17]
在对这几个问题探索多年后，我恍然大悟，其中两个问题思考的是近
因解释（即共时的角度），而另外两个问题思考的是演化解释（即历
时的角度）。这四个问题恰好构成一个 2 × 2 表格。我在讲座PPT中
展示了以下表格，这比口述内容更能激发观众兴趣。我还把PDF格式
的表格发布到个人网页上，随即迅速传播开了。

"廷伯根四问"，经整理[18]

	近因	演化
共时角度	何为机制	机制的适应意义是什么
历时角度	机制如何在个体中发展	机制经历了怎样的演化过程

　　"廷伯根四问"让我回想起学医期间，当时与同学的多次深夜探
讨都源于对这些问题的误解，认为只需回答其一即可。其实不然。要
想获得完整解释，这四个问题都在所难免。这些问题还让我意识到，
很多在我看来异乎寻常的事物，实际上都各有所用。上医学专业课时，
我只具体了解到胃黏膜壁细胞的胃酸分泌机制及其如何引起溃疡，但
并不清楚胃酸是如何杀死细菌和消化食物的，也不知道为什么胃酸过
少和过多都会产生严重后果。我们学遍了引起腹泻的病因，却对其在
排毒和清除胃肠道感染方面的作用知之甚少。此外，咳嗽可清除呼吸
道中的异物；发热是对抗感染的体温调节机制；甚至疼痛也应从其功
能和机制的角度来理解——天生丧失痛觉的人，通常会在成年早期
死亡。[19] 于是，我开始琢磨，焦虑和低落情绪的作用是什么。

　　很多看似无用的构造都有实际用处，但某些设计却糟透了：眼睛

如果没有盲点就更好了，产道过于狭窄，癌症保护机制和感染防止机制都不够完善，饮食调节能力太弱，会出现过度焦虑和疼痛。我不禁思考，为何自然选择让人体保留了这么多缺陷。

乔治·威廉姆斯出现在会议现场时，一眼就被认出，他长得跟亚伯拉罕·林肯很像。我知道他在1957年发表的那篇论文获赞连连，但我从未听人说过他是20世纪的杰出生物学家之一，更不知道他就是威廉姆斯本尊。他平常沉默寡言，但一开口就会吸引所有人的注意。他边喝酒边解释自己是如何构思出"自然选择会保留衰老基因"这一想法的。我想到一个测试能验证他的理论。根据他的理论预测，某些野生动物的死亡率应该会随年龄增长而上升。而另一种认为衰老基因超出了选择范围的理论预测，成年寿命期间的死亡率应该会保持不变。

要想得到野生动物死亡率的数据，需要花费几个月查阅图书馆。我向同系的精神病学系主任约翰·格雷登（John Greden）表达了自己的想法。他是新官上任，鼓励大家积极创新，因此同意我将暑期一半的时间投入到这个项目里。入秋之时，我已经搜集好数据，并找到自然选择对野生动物衰老影响程度的计算方法：确实有显著影响。[20]乔治的理论是正确的：加速衰老的基因并非都是不良突变，加上对生命造成影响的时机过晚，以致无法被自然选择淘汰；部分衰老基因甚至有助于提高生命早期的繁殖力。很多培育出寿命更长或更短的甲虫或果蝇的研究，都证实了以上理论观点。[21,22]选择早期繁殖会缩短寿命，而增长寿命则降低后代数量，尤其是在野外。这就是衰老的演化解释。[23]

乔治第二次出席会议时，我对演化生物学已有充分了解，足以展开条理分明的对话，而我也已经发表了自己在衰老方面的研究成果。我向他提出的观点是，演化解释不仅针对衰老，还可为各种疾病提供新解。他表示也一直在思考同样的问题。于是，我们决定撰写一篇论文，讨论演化解释如何推动医学研究。

最初几个月里，我们都犯了个根本性错误：试图给疾病找出演化解释。我们思考，为什么自然选择会形成冠状动脉疾病？为什么自然选择会形成乳腺癌？为什么自然选择会形成精神分裂症？后来，我们终于认识到自己的错误——"视疾病为适应"（Viewing Diseases As Adaptations, VDAA）。VDAA是演化医学中常犯的严重错误。相反，疾病不是适应，因此无法对其做出演化解释。疾病并非源于自然选择。不过，导致我们易患疾病的身体因素确实可从演化角度来解释。将焦点从疾病转移到导致身体易患疾病的特征，这一关键见解成为演化医学的基石。

我们花了几天时间讨论阑尾、智齿、冠状动脉炎症、癌症，当然也包括人的背部。乔治的洞察理解比我更加深刻清晰，他坚持文章标题为"达尔文医学的曙光"（The Dawn of Darwinian Medicine）。我们的书《我们为什么会生病》吸引了更广泛的读者，也推动了如今称为演化医学（evolutionary medicine）的发展。围绕这一主题，目前出版的书籍已有十余本，还成立了科学协会，创办了期刊，并且举行了多次国际会议，大多数重点高校也都开设了相关课程。

演化医学不是一种实践方法，也绝不是标准医学（standard medicine）的替代品。它只是运用演化生物学的原理来解决健康问题，正如我们运用遗传学和生理学一样。演化精神病学是演化医学的组成部分，目的是探索自然选择为何让我们易受到精神障碍的影响。

新问题的提出

医学常见问题与机修工的提问如出一辙：身体是如何运作的？哪里出故障了？故障原因是什么？怎样才能修好故障？这些问题就类似于"身体机制是如何运作的""不同患者的身体机制有何差异"：是免疫系统机制的什么导致多发性硬化？大脑的什么异常导致了一些人患精神分裂症？这些问题的答案只有一个终极目标：找出问题的原因和解决方法。提出并回答这些问题，已经大大改善了人类的健康状况。如果医学只运用了一半的生物学知识，那么这一半会对实践大有裨益。

而另一半，即生物学的演化知识，则从工程师的角度提出以下问题：身体是如何变成如今的状态的？是怎样的选择塑造了这个特质？变异如何影响繁殖成效（reproductive success）？哪些权衡取舍限制了其可靠性（reliability）？除了常见问题，他们还提出了一个新问题：为什么自然选择会让我们的身体具有易患疾病的特征？

虽然这是个新问题，但很接近最古老的问题之一：生活为何总是充满苦难？几千年来，宗教界和哲学界为这个"罪恶问题"（the problem of evil）争论不休，而答案却仍是扑朔迷离。[24,25,26] 早在2 400年前，希腊哲学家伊壁鸠鲁（Epicurus）就已提出了这一难题；

大卫·休谟（summary）稍作改编的简版名言是："上帝想阻止恶，但却无能为力，对吗？既然如此，上帝就并非无所不能。上帝能够阻止恶，但却不愿意这么做？那上帝就是居心险恶。上帝能够也愿意阻止恶，是吗？那恶又从何而来？上帝既不能也不愿意阻止恶？那为什么还要尊奉其为上帝？"[27]

从那以后，哲学家和神学家，尤其是亚伯拉罕派系出身的人，都坚持不懈地寻找邪恶和苦难的解释。那些合理解释被特称为"神义论"（theodicies）。这样的解释不胜枚举，但没有哪个能让人心悦诚服。[28]这是佛教的核心问题，佛法第一圣谛为"人生是苦"（Life is suffering）。[29,30]第二圣谛则指出，苦难源于欲望，具体说来，源于无法满足所有欲望。第三圣谛则告诫人们，解除苦难需认识到欲望只是虚妄的幻觉。从演化的角度可以解释我们为什么会产生欲望，为什么又无法满足这些欲望，以及为什么难以抛开欲望：人类大脑的形成是以人类基因的利益为前提，而非人类自身。[31,32,33]

探讨上帝对待人类的方式，远远超出了本书范围。解释恶与苦难为何普遍存在，也远非此书的写作意图。不过，大多数苦难都源于情感。引起焦虑和情绪低落的原因，与疼痛和恶心一样：这些状态在特定情况下是有益的。从合理的演化角度来说，这些状态通常有些过度。对于我们为何容易成瘾、易患精神分裂症或所有其他精神疾病，也能得到合理解释。但解释很多元化，因为有些是根据疾病进行综合考量的相关结果。

试图通过解释精神生活为何常出现这么多困扰、思维和行为为什么会常出差错，揭示了另一个同样深刻的问题。大脑让我们可以用爱维护关系、创造有意义的幸福生活，而只能让繁殖成效最大化的选择是如何塑造出这样的大脑的呢？达尔文主义者幼稚地认为，大多数人的生活并非是对金钱和性爱趋之若鹜的自私竞争。人们会冥想、祈祷、合作、爱护和关心他人，甚至对陌生人也是如此。无论是在智力方面，还是在社会生活和道德情感方面，人类这一物种都天赋异禀。了解爱和道德的起源，是理解人的社交焦虑、悲伤情绪以及能够发展深层关系的重要基础。

脊髓灰质炎疫苗的发明者乔纳斯·索尔克（Jonas Salk）说："新问题可能意味着新发现。"现在，我们发现了一个新问题。

第 2 章
精神障碍是疾病吗？

> 毫无理由确定这些诊断类型是有据可依的[1]。
>
> —— 关于DSM诊断类型的评论，写于精神病学最重要的教科书首页

在解释精神障碍之前，必须先对精神障碍进行描述和定义。这看似简单，但《精神障碍诊断和统计手册》现行版本对精神障碍的不同描述就有三百多种。问题这就解决了吗？几乎没有。关于诊断系统的辩论无休无止，当然也免不了对峙争议。

根据诊断类型的种种定义，精神障碍似乎就是疾病。虽然很多精神障碍确实可算作疾病，但与其他大多数疾病还是稍有不同。我们无法确定这些精神障碍的病因，不像肺炎可以查出病源细菌，不像糖尿病可通过血液检查确诊，也没有确定的组织异常，如多发性硬化（multiple sclerosis）会出现坏死的神经元。相反，精神障碍的定义是依据症状群集（clusters of symptoms）。例如，觉得吃东西如嚼纸的人，往往会出现沮丧情绪并有自杀倾向；妄想症患者常常幻听到各种声音；明明是病态瘦却还觉得自己胖的人，一般是精明能干的年轻

---

1. 本章改编自内塞·PM（Nesse RM）和斯坦·DJ（Stein DJ）的文章《迈向真正的精神病分类学医学模型》，发表在《英国医学委员会杂志》。BMC 医学。2012；10（1）：5。

女性。每种精神障碍的定义都列有一长串症状。如果某人出现足够多定义下的症状，便可确诊患有该类精神障碍。这种按图索骥式的方法，极大提高了患者确诊结果的一致性，但却付出了很高代价。该种方法预设诊断结果已包含一切所需信息，而相应地忽略了很多精神障碍的生活背景诱因。在可结合电脑查询病历的时代，该方法反对将可能令人尴尬的相关细节记录下来。因此，现有临床病历大多是一些无关痛痒的内容，通过描述各种症状来证明诊断结果的合理性。以下为B女士的精神病学评估简述示例。

　　B女士，37岁的白种人，已婚，育有3个孩子，因患抑郁症被全科医生转诊于此。4个月前，她突然出现清晨易醒、食欲不振、动力不足，伴有内疚感和无望感。过去两个月内，她一下子瘦了10磅（约4.5千克），有时会幻想死了有多好，但没有自杀意图。B女士每天都会出现这些症状，时而还会加剧，且昼夜程度也不同，晨间相对更严重。几个月来，她一直跟医生说自己长时间处于焦虑状态，出现忧虑、多汗和胃肠相关症状。症状加剧时持续时间有数小时，伴有颤抖、呼吸急促和胃不适，但无惊恐发作和广场恐惧症。她还说，自己在社交场合会有强烈不适感，所以现在都避免社交。她每晚都会喝一两杯葡萄酒，但无药物滥用史。B女士认为是婚姻冲突引发了这些症状。她没有精神疾病史，身体状态良好，未服用任何药物，也没有过敏症。但父亲曾酗酒，母亲也曾出现焦虑症状，妹妹在服用抗抑郁药。她的家庭成长环境稳定，童年时期未遭受虐待和精神创伤。她有3个孩子，分别为3岁、5岁和9

岁，状态均良好；丈夫是当地一家制造厂的经理。他们住在郊区。B女士曾在全日制小学教书，现兼职担任教师助手。诊断结果：严重抑郁症。治疗方案：先进行抗抑郁治疗（antidepressant treatment），采用认知行为疗法（cognitive behavioral therapy），两周后复诊。

　　病例报告总结了证明诊断结果合理性的事实，却丝毫不提症状诱因。不过，从B女士在杂货店偶遇前男友的经过来看，诱因一目了然。

　　　　当时，我想到杂货店买东西，走进店里就像陷入沼泽中，感觉寸步难行，几乎没法儿迈开脚步。我列好了购物清单，但也不管用，感觉对什么都提不起劲儿。但那几个孩子还得吃东西，我只好去买。走到货架过道中央，我突然看到正在那头推着购物车的杰克。几个月来，他像幽灵一样出现在我眼前，挥之不去。但这次，我能肯定那是他本人。我开始心跳加速，整个人都僵在那里，脑海闪现出6个月前坐在星巴克的那一幕。

　　　　6个月前的某天，我们照常约在七点见面，然后把各自的东西都搬进看过的那间公寓。我们彼此承诺会在11月2日向自己的另一半坦白，我告诉萨姆，他告诉莎莉。我们本来是定在11月1日，但为了孩子和过万圣节，所以推迟了一天。我永远记得，迈出星巴克大门时，门外飘着雪花，那雪花似乎是我们新生活开始的象征。

　　　　我告诉萨姆，我打算半夜就搬走。他暴跳如雷，我也预料到他会如此反应。萨姆大喊大叫，屋外驶过的车子也随即减速。于我而言，这样一来事情就更好办了。我们早就过不下去了。我受够了活在谎言里，当时只想和杰克在一起。我给杰克买了一束小苍兰，但最终他并没有在约定的时间出现。7点30分，我给他发了条短信，想着可能是莎莉要跳窗自杀什么的。他没回我。我给他打了电话，没人接听。这让我难以置信，瞬间蒙了，呆坐在那里，像大理石上的化石似的，一眼不眨地看着桌子。就这样过了好久，我看到小苍兰的花瓣都起了皱耷拉着。那一刻，感觉自己走到了生命尽头。

回忆到这的我幡然醒来，鼓起勇气往杰克刚才经过的地方走去。没见着人。我跑到收银台，也没见他在排队。于是我又走到别处，看到一架推车，里面有猪排和他常用的东西——有机咖啡过滤器、小糖块、安眠药和无蜡牙线。我确定这是他的购物车。他肯定也发现了我，然后溜走了。也好，反正我也不知道该跟他说什么。

　　B女士的故事比整个案例报告更能反映她的问题，远非如她的诊断结果所示。尽管如此，诊断结果还是具有关键意义，它简单描述了症状的各种模式。能够识别这些共有模式的普通临床医生，仿佛都会读心术。如果问某个自称毫无希望、提不起劲且了无生趣的患者："你觉得吃东西时像在嚼纸，还会凌晨四点就突然醒来吗？"可能会听到带有惊讶语气的回答："有，都有！你怎么知道？"医生笃定地问禁不住频繁洗手的患者："你是否曾开车围着小区打转，就为了看看自己有没有撞到人？"或者问一名体重下降且害怕肥胖的学生："你所有科目都拿了A，对吗？"他们可能会大吃一惊。临床医生把这些症状群集称为综合征：严重抑郁、强迫冲动性障碍和神经性厌食。在积累数千名患者的看诊经验后，临床医学专家能轻易识别不同的综合征，就像植物学家能分辨不同种类的植物一样。可要是各种疾病如不同植物，也具有明显差异就好了！

　　我最初接触精神病学的时候，是由临床医学专家来确定诊断结果的。其可取之处在于，教授都坚持进行病例陈述，包括每个症状和经历细节，甚至是类似杂货店偶遇这种让人心如刀割的经历。而令人难堪的是，教授们一直争论不休。他们不仅对某些患者的诊断结果存在分歧，甚至对诊断的定义也有不同看法。一次在讨论新入院患者的工作人员会议上，一名资深精神科医生称诊断结果为复发性的内源性抑郁症，另一名医生认为是焦虑性神经症，还有一名医生判断这明显是由挚爱父亲去世引起的病态性内疚。这些杰出教授巧妙运用临床技术和雄辩技巧为自己的诊断结果辩解，但这些结果充其量是个人意见而已。

　　这样结果不一的诊断，让该领域陷入两难境地。在1971年的一项调查中，来自美国和英国的精神科医生作为研究对象，被要求观看同样的诊断访谈视频。[2]针对其中一个病例，有69%的美国精神科医生诊断为精神分裂症，但只有2%的英国精神科医生得出相同结论。这样丝毫经不起推敲的诊断，使研究徒劳无功。斯坦福大学心理学家大卫·罗森汉恩（David Rosenhan）一直关注这个问题，并于1973年在知名期刊《科学》（Science）杂志上发表了一篇相关文章。他招募了12个精神正常的"假患者"，全送进了医院急诊室，所有患者都对医生说自己幻听到一些声音。而后，患者都被转到精神病房。他们入院后的行为正常，但还是被诊断为患有精神分裂症。[3]虽然"假患者"也欺骗了神经病学家或心脏病专家，但这篇文章还是让精神病学成为笑柄。然而，压死骆驼的最后一根稻草是，美国心理学会（APA）成员在1974年投票表决，最终确定同性恋为精神疾病。就此，精神病学从漫长的梦中惊醒，发现自己漂流在精神分析师的沙发上，半身陷入了医学死水中。

一本新的救援诊断手册

极其渴望进入医学主流的精神病学专家认识到，自己的诊断系统存在严重缺陷。例如，在1968年第二版《精神障碍诊断和统计手册》（DSM）中，抑郁性神经症被定义为："由于内部冲突或可识别事件（如失去喜欢的对象或珍惜的物品）引起的过度抑郁反应。"[4]那在失去喜欢的猫后，适度抑郁了一个星期算是"过度"吗？有的诊断医生会说："不，根本不算，主人是因爱生悲而已。"另一名医生则说："超过一个星期，明显就是过度了！"这种分歧的存在，让精神病学发展为科学学科的愿望变得荒唐可笑。

1980年发布的第三版DSM做了根本性的修改。[5]该版本由精神病学研究者罗伯特·斯彼德（Robert Spitzer）领导下的美国精神病学协会（American Psychiatric Association）工作组撰写，删掉了第二版DSM中的精神分析理论，还把描述了182种疾病的134页临床印象，替换成定义了265种疾病的494页症状检查表。"抑郁性神经症"（Depressive neurosis）被删除，重新定义为"重度抑郁症"（major depressive disorder），完全不涉及内部冲突；两周以上时间内出现至少5种症状（共9种），就能确诊患有此症。现在，每个诊断均须根据一份列有足够多症状的清单来核实。

第三版DSM让精神病学改头换面。[6]该版开始采用标准化访谈，流行病学家能以此来衡量特定疾病的流行程度。[7]神经生物学家现在也可以通过大脑异常现象来诊断某些疾病。不同地方的临床研究人员能比较不同的治疗结果，提供制定治疗指南所需的数据。监管机构、保险和资助机构不久后也开始参照DSM的诊断结果。最终，精神病专家就可以像其他科医生那样，诊断出特定类型的精神障碍。作为解除20世纪70年代诊断失信危机的解决方案，第三版DSM的成功出乎所有人的意料。

上演唇枪舌战

第三版DSM虽然为调查研究和尊重科学提供了至关重要的客观性，但还是招致强烈批评。这些不满情绪并未随时间的流逝而消退，反而愈演愈烈。临床医生认为，DSM的分类忽略了很多患者所面临问题的重要方面。培养临床医生的指导老师认为，过度依赖参照DSM会导致学生忽略对患者的问题进行细微观察。[8]对此，研究人员反驳说，老师对使用DSM类别的这一假设并不成立。[9]其他医学领域的医生也很困惑，为什么精神疾病如此难以诊断。所有了解这些争议的外界人士一致认为，整个精神病学领域都只是一派胡言。

第三版DSM极大提高了其客观程度，但却导致细微临床评估的减少。如果B女士出现五种以上症状的时间超过两周，就会确诊患有严重抑郁症。然而遗憾的是，这样的结论忽略了杰克在约定私奔那天抛弃她的这一关键事实。对此，就连生物研究领域的领军人物也震惊不已。南希·安德瑞森（Nancy Andreasen）曾任某本精神病学重要杂志的编辑，著有《破损的大脑：精神病学的生物革命》（*The Broken Brain: The Biological Revolution in Psychiatry*），她将第三版*DSM*形容为"意外结果"。"自1980年发布第三版*DSM*以来，基于对精神病理学的深入了解，同时关注个人的问题和社会背景的详细临床评估教学日渐式微。在校医学生只需死记硬背*DSM*，而不是向伟大的精神病理学家先辈学习解决各种难题。"[10]

这不仅是理论层面的问题。一名还在培训阶段的精神科医生参加病例研讨会时提出看法："该患者睡眠不佳、提不起劲、容易疲乏、注意力不集中、食欲不振、体重下降了7磅（约3千克），因此可诊断为患有严重抑郁症。我们可以开始对其进行抗抑郁治疗。"当被问及"引发症状的病因是什么"时，这名年轻医生回答说："家庭问题。""什么家庭问题？""她被丈夫抛弃了。""她对此早有察觉吗？""不知道。""这是她第一任丈夫吗？""不知道。""她与其他男人有暧昧关系吗？""不知道。""她小时候受过虐待吗？""这些都无关紧要，所以我没问她。诊断结果为严重抑郁症，治疗方案是根据这种脑部疾病和基于事实的现行指南来制定的。"这种对狭隘意识形态的过度信任和坚守，与刻意忽略患者情况同样令人震惊。

第三版*DSM*的客观性还暴露出其他问题。很多患者可确诊患有*DSM*定义下的多种疾病。这个问题过于司空见惯，因此我在密歇根大学的前同事、精神疾病流行学家隆纳·凯斯勒（Ronald Kessler）启动了他最大的项目——"美国国家共病调查"（National Comorbidity Survey）。[11]很多患者不仅同时符合多种疾病的判断标准，而且同一诊断类型的患者也会出现差异较大的症状。在众多共病中增加这种"异质性"（heterogeneity），让很多人对*DSM*类型是否对应真实的自然实体感到不解。

不同精神障碍的界限模糊引起了更多关注。例如，大多数抑郁症患者也有焦虑症状，反之亦然。[12,13,14,15]此外，精神障碍与精神正常的区分界限也很随意。当前还没出现像确诊癌症或糖尿病那样的实验室检测。1980年，第三版*DSM*的编撰者都假定，大脑异常的新发现会促使分类加快并趋于完善。但近40年的深入研究又过去了，却仍无实验室检测可用于诊断任何重大精神障碍。

不过，值得赞扬的是，美国精神病学一派领军研究者都毫不掩饰地承认了这一点。编撰第四版*DSM*的工作组负责人艾伦·弗朗西斯（Allen Frances）认为："我们正处于精神病学的本轮（epicycle）阶段，哥白尼出现之前的天文学、达尔文出现之前的生物学都曾经历这一阶段。目前繁芜复杂的描述性体系，无疑会被联系紧密的解释性知识所取代。迥然不同的观察结果将具象为更简单明了的模型，使我们不仅能更全面地了解精神疾病，还能更有效地缓解患者痛苦。"[16]

美国国家心理健康研究所（NIMH）现任所长托马斯·因塞尔（Thomas Insel）表示："现在是时候开始重新思考精神障碍，认识到这些是大脑回路障碍"[17]，"我们的资源更有可能投入到2020年之前的诊断转型计划中，而非用以修改当前的范式"。[18]

而弗朗西斯就没那么乐观，她认为："第五版*DSM*要实现精神病诊断的'范式转换'，说这话早得有点离谱……要想最大化完善精神病的诊断，除非我们能深入了解精神障碍的诱因。近期，神经科学、分子生物学和脑成像都取得了惊人成果，极大增进了我们对正常大脑功能的了解，但这与当前精神病学诊断的临床实用性依旧毫无关联。最能说明这一现状不尽如人意的是，在第五版*DSM*的标准集合中，连一项生物检测都没有。"[19]

这些科学家的勇往直前和正直诚实，正如他们的愿景一样卓尔不群。他们都认为，采取新方法至关重要。然而，迄今为止的主要建议都是围绕如何进一步修改诊断类型，继续努力寻找生物标记来验证这些类型。

第三版*DSM*是争议的主要对象，因此，1987年发布了第三版*DSM*的修订版（*DSM-III-R*），1994年发布了第四版*DSM*，2000年又发布了第四版*DSM*的修订版（*DSM-IV-TR*）。APA工作组的29名成员进行了为期10年的研究，协同6个研究组和13个工作组对*DSM*进行了重大修改，完成了第五版*DSM*的编撰工作。[20,21,22,23] 经过多年的激烈争论，第五版*DSM*最终于2013年面世。[24] 该版调整了内容结构（如将人格障碍与其他障碍归为同一类别），还进行了类别合并（例如，药物依赖和药物滥用均归为药物使用障碍）和类别拆分（例如，广场恐惧症和惊恐障碍分为两类）。一系列的合理改动增强了第五版*DSM*的连贯性和实用性。

但是，对*DSM*的彻底改变却遭到了拒绝。将类别划分改为程度轻重等级量表的这一建议，被认为不切实际而遭拒。与"抑郁症合计15分"的量表评分相比，"诊断为严重抑郁症"的类别划分更加简单明了。使用类别有助于高效沟通和统计记录保存，还能满足人类想让事情看似比实际简单的欲望。我们不断尝试划清症状群集的界限，以此区分似座座孤岛的各种精神障碍。然而，精神障碍更像是生态系统，如北极苔原、北方森林和沼泽等地区之间无明确界限，相互交错。

　　第二种策略为加大力度找出能够确诊的基因、验血或扫描。第三版DSM的发布距今已有37年，但我们仍无法通过实验测出精神分裂症、自闭症和双相障碍，这实在令人难以置信。当然，我们还得继续探索；这是找到治愈方法的最大希望。然而，几十年下来却一无所获。如今，是时候退一步思考清楚，为什么精神障碍的身体诱因比其他健康障碍的更加难以捉摸。

　　对此的一致回答是，我们没有往正确的方向下足功夫。许多神经科学家建议，我们的重点应该从分子和大脑定位转移到"大脑回路"。[25]这反映出人们越来越清楚地认识到，即使是人脸识别等具体功能，也会涉及不同的大脑区域和神经递质。考虑到电路会突出适应功能，但它延续了已演化大脑系统的误导性类比，该系统具备人性化设计电路。工程师设计的电路含有独立模块，具备正常运行所需的所有特定功能和设置连接。已演化的信息处理系统组件具有界限模糊、重复功能分散、内在鲁棒性和无数连接的特点，这些组件使系统与工程师的任何想象都相去甚远。将重点从分子和神经元转移到电路这一想法不错，但神经科学要想更快取得成功，就得承认这些电路的有机复杂性，使其与工程师设计的样子完全不符。

修改诊断标准解决不了问题。加大力度寻找生物标记物,最终只会为部分疾病提供明确诊断结果。这一困境引发了对精神障碍定义的深刻思考。

接受有机复杂性的事实

"什么是精神障碍"这一问题已在杰罗姆·韦克菲尔德(Jerome Wakefield)那里有了答案,他是一位社会工作者、临床医生、研究员和纽约大学哲学家。[26,27,28]他得出的精辟结论是,精神障碍的特点为"有害功能障碍"(harmful dysfunction)。"功能障碍"是指通过自然选择形成的有用系统中的故障。"有害"意指功能障碍会对个体造成痛苦或其他伤害。韦克菲尔德的分析基于对脑/心理正常功能的演化理解中的精神疾病诊断,就像其他医学领域在正常生理学背景下理解病理学一样。[29]然而,他的有力分析对诊断几乎没有影响。

南非精神病学研究者丹·斯坦(Dan Stein)和我决定尝试,是否能从系统的演化分析中找到完善DSM的方法。[30]我们花费几个月时间全力解决这一问题,得出的结论出人意料:DSM很好地描述了大多数精神障碍。我们也遇到了一些重大问题,尤其是未能区分症状与疾病。但大多数人对DSM诊断产生不满,并不是因为他们无法描述临床事实,而是因为他们对精神障碍的混乱事实描述过于完善。这导致问题出现重叠,一种疾病可能有多种病因,一种病因可能引发很多不同症状。截至目前,尚未发现任何特定的基因或大脑异常可以定义精神疾病。那接下来该怎么办?

迈向真正的医学模式

精神病学中所谓的医学模型，通常是指特定障碍由特定的大脑异常引起，这些异常最好采用药物和其他物理疗法治疗。其余医学领域中实际使用的疾病模型更为精妙。这种模型不只限于寻找大概特定疾病的具体原因。相反，它试图在正常功能的背景下理解病理学。以下3个例子说明了一个真正的医学模型会如何改善精神疾病诊断。

首先，其他医学领域把症状（如疼痛和咳嗽）识别为保护性防御，并将症状与引发症状的疾病细致区分开。相比之下，在精神病学中，诸如焦虑和情绪低落等极端情绪被归类为精神障碍，与可能引发这些情绪的任何原因均无关。这种想法积重难返、大错特错，应称为：视症状为疾病（Viewing Symptoms As Diseases，VSAD）。对精神病诊断进行改革，应将负面情绪识别为在某些情况下的有利反应，至少对我们的基因来说是有利的。

其次，其他医学领域认识到许多综合征（如充血性心力衰竭）的定义依据都不是特定病因，而是功能系统的失调。医生都知道心力衰竭可能有十几种不同的病因。如果精神分裂症和自闭症是由类似的系统失调引起的，那么寻找具体病因则毫无意义可言。

最后，其他医学领域能迅速诊断出某些病情（如耳鸣和特发性震颤），这些都没有明确的特定病因或组织病理学依据。大多数是由失调的控制系统所导致的，而饮食失调和情绪障碍也是如此。

精神疾病诊断的核心问题是，缺乏对正常有用功能的研究视角，就像生理学为其他医学领域提供的视角那样。内科医生了解肾脏的功能，他们不会将诸如咳嗽和疼痛等保护性防御与肺炎和癌症等疾病混淆。精神科医生缺乏针对压力、睡眠、焦虑和情绪效用的类似框架，因此精神疾病的诊断类别仍然令人困惑且粗制滥造。

把症状与综合征和疾病细致区分开来，对精神疾病诊断发展趋同其他医学领域至关重要。与发热和疼痛一样，焦虑和低落情绪也是某些情况下的有利正常反应。是时候放弃每种精神障碍都有特定原因的幻想了。相反，许多精神障碍跟其他医学领域中的症状一样，都是极端症状。而另外一些则可能是多个不同起因引发的系统障碍。但这并不意味着我们应该放弃寻找具体的大脑异常；某些障碍特有的异常症状最终都会被发现，而且越快越好。不过，这需要通过采用真正的医疗模式来加速进程。

第 3 章
为什么大脑如此易受影响？

如果生活最直截了当的目的在于免遭苦难，那么我们人类就是世界上与此目的最背道而驰的存在。[1]

——亚瑟·叔本华，1851

假设大脑是台机器，我们会对它的设计者大肆称赞一番，因为他创造出了全宇宙最超凡卓越的机器。大脑能辨识一千张面孔，并立即与名字对号入座——除了某次聚会上，你想向老板介绍的那位客户的名字。三岁孩子能毫不费劲地学习汉语、芬兰语或英语，甚至可以理解时态、性别和动词变化；大提琴演奏家马友友（Yo-Yo Ma）能仅凭记忆，快速无误地演奏包含数千个音符的爱德华·埃尔加（Edward Elgar）e 小调大提琴协奏曲；科学说唱艺术家巴巴·布林克曼（Baba Brinkman）能用任何题材来创作有趣好玩、唱速飞快的饶舌歌曲；一名高中生能学习掌握微积分；一位老人可以清晰回忆起 70 年前一个阳光明媚的早晨，他和母亲在一座沙丘上采蓝莓时用的那个锈迹斑斑的桶；一个年轻小伙会绞尽脑汁，使出浑身解数，只为邀到心仪的女生陪他参加毕业舞会；一个年轻女子，既期待他的主动示好，又想遇到更好的选择，琢磨着怎样才能晚点答复他。这些真是令人难以置信的信息处理！

而同样令人惊叹的，还有大脑的各种情感能力，可以帮助我们维系与伴侣的关系——相伴时对他爱意满满，分别时对他牵肠挂肚，他痛苦时自己感同身受，他离世时自己肝肠寸断；遭到伴侣背叛的我们会怒火冲天，而我们背叛伴侣时会心生愧疚，设法补救。大脑不分昼夜地运转、策划、思来想去、空想、幻想。比如，乔的那个明显善意的玩笑，是在隐晦地骂人吗？我真的能和梦里出现的那个人在一起吗？大脑真是全宇宙中最称奇道绝的装置了。

除此之外，大脑还有让人意想不到的脆弱之处。它会经常出现五花八门的岔子，以致对设计师的溢美之词都变成了愤怒控诉。有些漏洞早期就会暴露，如有的孩子在与父母建立起爱的情感纽带后，就会缩回自闭的保护壳中，再也不愿出来。部分三岁大的孩子一旦学会说"不"，就再也听不进父母的劝诫。大多数父母为了孩子的幸福不惜做出巨大牺牲。然而，也有父母会把孩子丢进壁橱锁起来，抓起孩子的手放在煤气炉上，或者强迫其做出与性相关的行为。可为什么就算事情过了30年，这些令人毛骨悚然的经历却依旧挥之不去呢？

小学阶段可算作一段缓冲期，孩子的精力集中在成长和学习上，很少发生冲突和出现新的精神障碍。而到了青春期，孩子的思想发生变化，大脑发育，会出现重拳打砸笔记本电脑键盘的行为。他们对社会敏感程度渐高，随之出现的青春痘还会放大这种感觉。对于某些青少年来说，社交恐惧有碍约会交往，还会因害怕随堂演讲而做噩梦和辍学。

还有人的大脑会没完没了地臆想纯属空穴来风的问题。如果我放学回家看到爸妈已经搬走了怎么办？如果我因为坐过马桶座圈而感染了艾滋病毒怎么办？但有些人却正好相反，焦虑过少的他们爱冒险，包括酗酒、吸毒来寻求刺激，最后成瘾。有人能完全戒瘾，但根本戒不掉，他们一辈子都受制于毒品和酒精，就像飞蛾绕火，一圈一圈接近火苗，直至扑火而亡。有些年轻人（其中多为女性）会盲目节食，怎么看都觉得自己很胖，但在其他人看来，他们已是瘦得皮包骨了。还有些年轻人（其中多为年轻男性）则不明白别人的性欲为什么是由人唤起的，因为自己只需看到闪亮的黑色橡胶就能欲火焚身。

自然选择任由我们易患疾病的六大原因

如果大脑是早就设计好的，那么问题来了，造成大脑缺陷的是疏忽大意，还是恶意为之？可大脑并不是机器，既没有设计师、设计图，也没有规划图。甚至，连真正意义上正常的大脑，也是不存在的。大脑和身体其他部位一样，都是由自然选择塑造而成。人类祖先的遗传变异造成了大脑差异，而这些差异引起了某些行为的改变，而这些改变影响了后代数量的变化。如此一来，便塑造出了拥有卓越能力的大脑，当然，它也同时存在很多缺陷。

在斯波莱托（Spoleto）举行的年度意大利科学盛典"科学与哲学节"（Festa di Scienza e Filosofia），是文化界的一块瑰宝，每年七月都在翁布里亚小镇（Umbria）散发光芒。1997年，该盛典的主题为"演化医学"。我也参与其中，还发表了关于演化和精神障碍的演讲。演讲结束后，随着渐息的掌声步下讲台的我，跟下一位演讲嘉宾——著名的生物学家史蒂芬·杰伊·古尔德（Stephen Jay Gould）打了个照面。众所周知，他对把演化理论应用于人类行为研究持批评态度，因此我当时心里七上八下。但听到他夸奖"兰迪，你讲得很好"时，顿觉满心欢喜，可他紧接着补了一句，"不过，你这场演讲他们肯定听得云里雾里。"见我并不认同，他便解释道，"大部分人并不了解自然选择的运作原理，仅有的那些认知，大多数也都是错的。在没有解释清楚什么是演化之前，谈论演化是如何应用于精神障碍没什么意义。"随后，他专门解释了演化是什么，为那场盛典献上了最引人入胜的演讲。令在场众人获益匪浅。根据古尔德的说法，人类自然选择中至关重要的基本原则如下。

你会从口袋里随意掏个硬币就丢进罐子里吗？会的话，罐子很快就会装满铜币和银币。而当大多时候你只从罐里拿出银币时，最后会剩下满罐铜币，很难再捞到银币。这罐硬币的变化就源于你的选择方式。自然选择也是以同样的方式，发生在一代代生物体中。如果遗传变异影响了某个物种具有生存繁殖能力的后代数量，那么这个物种会随着世代发展出现变化，平均个体会越来越像那些拥有后代数量最多的人。这并非理论学说，而是假定条件成立就能导出的推论。

自然选择会塑造能派上用场的性状。例如，每只啄木鸟的喙和舌头都略有不同。那些啄木捕虫更高效的啄木鸟，能获取更多食物，养活更多幼雏。这个过程造就了啄木鸟强直尖锐的喙，能迅速凿开树皮，然后伸出列生短钩的舌尖钩食蛀虫。更为大家熟知的，是狗的演化过程。人类选择给哪些狗喂食，更近一点发展为饲养哪些狗，在仅过了几千年之后，就把狗培养成善于牧羊、捕鸟、刨洞抓啮齿动物、攻击入侵者，还会乖巧可爱地躺在人的大腿上的动物。

　　某些看似愚蠢的行为，实属聪明之举。有次午餐时，一名神经外科医生聊起他最近观察到一群海鸥，吃掉了在佛罗里达海滩上同时孵出的几只幼龟，因此他认为，动物根本不会做出适应性的行为调整。不过，集体孵化至少可以让部分海龟能安全回归大海，就像冲锋陷阵的士兵，一拥而上比逐个前进更有可能冲入敌人阵线。

　　自然选择塑造的大脑，要使具有生存繁殖能力个体的后代数量最大化。这与健康和寿命最大化截然不同，也有别于交配最大化。这也就是为什么有机体，尤其是人类，不仅只会性交。要想后代的数量最多，需消耗大量脑力和体力来获得除配偶和交配机会以外的资源，尤其是社会资源，如朋友和地位。其他人也有类似情况，如不断制造冲突、寻求合作以及处理错综复杂的社会问题。而理解这些必须得有体积庞大的大脑。[2]

　　虽然自然选择的原理很简单，但其过程和产物却复杂得让人难以想象。基因之间、基因与环境之间存在互动，以创造出能够适应度最大化的身体和大脑。不过，这并没有听起来那么简单。有时，个体会为了成全他人而不惜牺牲自己。比如，蜜蜂蜇人就是自取灭亡，但它们仍会舍命保护蜂巢。这一未解之谜引起了英国生物学家威廉·哈密顿（William Hamilton）的关注。1964年，他终于发现：有些遗传变异就算会降低个体存活率和繁殖率，但如果对部分基因相同的近亲有利，也还是能变得更普遍。[3]生物学家 J·B·S. 霍尔丹（J.B.S. Haldane）对"你会舍命救一个亲兄弟吗"这一问题的简短回答，也预示了哈密顿的上述发现。"不会，"他说，"但是，换作救两个亲兄弟或八个堂兄弟的话，我愿意。"话虽如此，比起自我牺牲，只要诱导动物个体帮助近亲基因带给近亲的好处足够多，那这种基因就会随着代代发展变得更加普遍。

哈密顿提出了一个改变行为研究的简单公式：$C < B \times r$。[4,5,6,7] 如果牺牲者付出的代价C小于给近亲带来的好处B乘以直系后代共有基因比例r之积，则这个性状（或与性状相关的基因）出现的频率就会增加。例如，堂表亲有八分之一的共同基因，假设某个等位基因给堂表亲带来的好处是成本的10倍，那么这个基因会随世代发展变得更普遍；但是，当某个诱导帮助的等位基因，产生的好处只是成本的5倍时，这个基因则会被淘汰。亲缘选择（kin selection）原则颠覆了行为研究。如果问我有哪个与演化相关的例子能解释人类行为，我会回答："人都爱自己的孩子，愿意为孩子做出巨大牺牲。"

就在哈密顿发现亲缘选择的同一年，乔治·威廉姆斯（George Williams）也开始撰写一本小书，名为《适应和自然选择》（*Adaptation and Natural Selection*）。[8] 该书出版前，生物学家都一直认为自然选择是以群体和物种的利益为导向。威廉姆斯解释了为什么这一观点有误。生物学也自此有所改变。

自然选择以群体利益为主的这一观点，在华特·迪士尼（Walt Disney）于1958年上映的电影《白色荒野》（White Wilderness）中也有所阐述。该影片展示了大量旅鼠纷纷跳下峡湾的场景，动听的旁白解释道，为了确保自己的物种有足够食物存活，有必要做出一些自我牺牲。1962年，动物学家V·C. 温·爱德华（V. C. Wynne-Edwards）在其出版的书中写道，食物供应不足时，动物会停止繁殖，并以此例证支持其论点，即这些倾向会演化以防止整个群体的消亡。[9]

　　但威廉姆斯认为这纯属无稽之谈。诱导个体停止繁殖的遗传变异，即使对群体有益或能让物种免遭灭绝，也还是会被淘汰。为了群体利益而停止繁殖的个体，其后代数量会比继续繁殖的个体要少。所以，这种自我牺牲肯定还有其他解释。至于那些旅鼠，那部迪士尼电影的摄制组其实并没有捕捉到任何旅鼠跳进峡湾的片段。他们不过是买好扫帚，雇用当地人捕捉旅鼠，然后再偷偷把它们全扫进海里而已。[10]

　　群体选择作用不强、亲缘选择为利他行为提供有力解释这些认识都使演化论大为改观。但这也只是自然选择为什么没让生物体更好地抵抗疾病的众多原因之二。让我们人类脆弱的性状数不胜数：为什么有阑尾？为什么有智齿？为什么产道狭窄？为什么冠状动脉容易堵塞？为什么这么多人近视？为什么我们没演化到能对流感免疫？为什么会出现更年期？为什么有1/11的女性会患乳腺癌？为什么有那么多人患肥胖症？为什么心境障碍和焦虑性障碍会如此常见？为什么精神分裂症的基因一直没被淘汰？让生物体易患疾病的每种性状或基因，都构成一个演化谜题。

　　在以前，给出的答案是，自然的选择能力有限，例如无法消除所有突变现象。这样的解释也具有重要意义。不过，按照演化医学的核心见解，至少还有5个其他与演化相关的原因，用来解释我们为什么易受疾病影响。[11,12,13,14,15] 演化不仅解释了为什么身体运作如此良好，也说明了为什么有些部位容易出现故障。此外，还用简单的例子说明了疾病概况，其中也包括精神障碍。

身体／大脑易患疾病的六大原因

1. 错配：人体未做好应对现代环境的准备。

2. 感染：细菌和病毒的演化速度比人的要快。

3. 限制：自然选择在某些方面的能力有限。

4. 权衡：人体内的一切都各有优劣。

5. 繁殖：自然选择要最大化的是繁殖，而非健康。

6. 防御反应：遇到威胁时，疼痛和焦虑等都是有利反应。

1. 错配

目前，困扰我们的大多数慢性疾病，都源于现代生活环境。[16,17,18,19] 但这并不代表我们在先人的居住环境中，可以生活得更好。以前的生活环境远比现在要更恶劣野蛮，资源也更匮乏。想想在没有牙医的那个年代，智齿受到感染的情景；轻微感染伤口也会导致死亡或逐步组织坏死；在伤口浇沸油的标准处理方法，也只是时而见效；用钢制工具截肢时，要眼疾手快，因为当时还没有麻醉；身怀体型大的婴儿，会让产妇痛苦地死去；还有人纯粹是饿死的。相比之下，我们的健康状况要比祖先的好得多。

尽管如此，我们当下的许多健康问题，也都来自为满足自身欲望而创造的环境。[20,21,22,23,24] 现在，发达社会中的大多数人，都比一个世纪前的国王和王后生活得更好。我们有吃不完的美食，可以免遭风吹雨淋，享有休闲时光，还找到了缓解疼痛的方法。这些都是惊人的进展，但由此也引发了大多数慢性疾病。

若有机会跟着医生巡诊，你可以问一下，假设现在身处祖先的生活环境，医院会出现哪类患者。因吸烟而患癌症和心肺疾病的人不会出现；因酗酒或吸毒而患病的人不会出现；大多数患有糖尿病、高血压、冠状动脉疾病和与肥胖相关疾病的患者也不会出现。[25]大多数乳腺癌患者都可能不会得癌。[26,27]还有可能几乎没人患有多发性硬化、哮喘、克罗恩病、溃疡性结肠炎以及其他自身免疫性疾病，这些疾病都是在近代才开始泛滥的。[28,29]

能够获取丰富食物，是现代生活给予的最大恩惠，却也是罪魁祸首。[30,31,32,33,34,35]或者更确切地说，是食品类制造商那些完美结合了我们最想吃的糖、盐和脂肪的产品。这些产品对居住在非洲稀树草原的人类有益，因为那里缺乏糖、盐和脂肪；而对于我们，这些饮食偏好会导致肥胖，引发疾病。在温和的烟草品种培育成功和卷烟纸发明之前，人类还不会对烟草如此上瘾。而现在，吸烟导致了三分之一的癌症和多种心脏疾病。以前，发酵饮品不常可以喝到，但现在，全世界各地都能买到啤酒、葡萄酒和烈酒。化学的进步和运输业的发展，也使任何地方的人都能使用海洛因和安非他明等浓缩药物，这些药物与针头等新型使用方式相结合，引发了大规模的现代流行病。[36,37,38,39,40]

更丰富的营养也使孩子更早成熟。如今，许多女性在11岁或12岁时就出现月经初潮，这比她们身体和思想都完全做好怀孕准备提早5年，更别说准备好照顾婴儿了。[41]现代环境更微妙的变化，也会增加疾病带来的负担，例如晚上暴露在光线下，会阻碍褪黑激素的正常释放，导致癌症发病率上升。[42]与古时候相比，现代女性在获得了更多生育控制权的同时，也造成月经周期延长了4倍，使得激素暴露和患癌的概率也相应提高。[43]

有些精神障碍的普遍存在可以归因于现代生活环境。药物滥用、饮食失调和注意力障碍这些问题，都集中出现在现代化社会。抑郁和焦虑性障碍通常也归咎于现代生活环境，不过早期的流行状况尚不清楚。精神分裂症和强迫性障碍现在似乎不常见。总之，错配是导致我们易患疾病的六大原因之首，为部分精神障碍提供了重要解释。

2. 感染

提起疾病，大多人都会想到感染。过程很简单，即细菌进入人体后开始繁殖，从而引发疾病。于是，医生就用抗生素来杀菌。而现实情况却复杂得多，趣味横生的同时又令人沮丧。

人类的一代约为25年，而细菌的一代只需几个小时，速度快了约3万倍。从这个角度来看，人类这样大型且演化缓慢的生物体能幸存至今，实在是件奇事。而小型生命体在地球上已经存活了30亿年，直到后来才出现了更大型的生物体。此外，我们很可能发现其他星球从未存在较大型有机体，因为它们很快就被较小的生物体消灭了。

抗生素耐药性的弊端已是人尽皆知。接触抗生素后存活的少数细菌，很快会起支配作用。这就是常见的演化过程，但有趣的是，医学期刊很少使用"演化"一词来描述，取而代之的是"涌现""出现"或"传播"之类的委婉语。[44]采用这种迂回的说法很有必要。在医院里，为防止所有人都一致首选同种抗生素而产生抗生素耐药性，想用演化的眼光看问题的好心医生有时会尝试每隔几个月就换一种抗生素。这一做法感觉很不错，但如此接二连三地接触不同药剂，也可能会促进多重耐药性的产生。[45]许多医生还告诉患者，要坚持服用抗生素来防止耐药性的产生。然而，近期有研究表明，在肺炎已得到控制的情况下，长期服用抗生素会增加对耐药菌株的选择，且不会缩短患病期。[46,47]医学界对演化知识的缺乏，会对人体健康造成危害。

细菌和宿主会共同演化。宿主一旦演化出新的防御机制，病原体也会演化出对付新机制的方法。例如，链球菌是引起链球菌性咽喉炎的细菌，能伪装成人体细胞。[48]因此，人体免疫系统为对抗链球菌所产生的抗体，也有可能会破坏人体自身的细胞。肾脏受损会导致肾小球肾炎。关节和心脏瓣膜损伤会导致风湿热。大脑中被称为"基底神经节"的神经元受损，会导致出现异常运动的西德纳姆舞蹈病（Sydenham's chorea）和一些强迫性障碍的例子。[49]

但有时，细菌和宿主也会互相帮助。"细菌通常都是有害的"这种旧观念，正被一种演化观点所取代。该观点认为，复杂的微生物群落对健康至关重要。现代生活中常见的肥胖症和多发性硬化症、甲型糖尿病和克罗恩病等自身免疫性疾病的出现，与微生物群受到破坏密切相关。[50,51,52]现代环境的某些因素可造成过度发炎，这些炎症会引发上述疾病和动脉粥样硬化。而这些都是因人体微生物组的抗体遭到破坏引起的吗[53]？如果确实如此，那我们是付出了极大代价，才拥有避免和杀死细菌的能力。

3. 限制

有很多情况都超出了自然选择的能力。没有哪个系统能够完整无误地复制遗传信息，因而会出现突变；自然选择不能颠覆物理定律，所以大象永远都不会飞，它不能使身体自生能量。这些限制同时也适用于任何自然或机械系统。

路径依赖同样限制了机械装置和人体的完美性。事情一旦按照某一路径开始，就不可能重来。例如你的电脑键盘，虽然可以转用更高效的密钥排列，但这只会导致花费巨大代价来重新学习，甚至还可能出现与现有键盘不兼容的情况。

改变人体不达标之处就更不可能了。脊椎动物的眼睛通常被认为是完美模型，但也有严重的设计缺陷。眼睛的血管和视神经穿过眼球后部视神经盘形成盲点，再从光线和视网膜之间穿过。它们本可以像章鱼的眼睛那样，从眼睛后部任意地方穿过。但脊椎动物的眼睛并非如此。自然选择无法解决脊椎动物眼睛的设计缺陷，因为任何这样的转变都会造成数千代的盲人。

我们的大脑也是临时拼凑的，容易出现各种各样的思维错误。[54,55]有些人坚持认为眼睛存在盲点必有其原因，不可能重新设计来修正。即使暂且不论路径依赖，我们容易出现精神障碍很大程度上也是源于自然选择的局限性，即突变的出现。

4. 权衡

人体没有完美之处，总会顾此失彼。这就好比你购买一辆4秒钟能加速到60英里/小时(约为27米/秒)的汽车，但一加仑（约为227升）汽油跑不到50英里（约为80千米），车内也容不下8个人；你可以给汽车装天窗，但要冒着会漏雨的风险；你可以使用冰上驾驶性能优良的黏性橡胶轮胎（我强烈推荐在密歇根州的冬天使用），但它价格昂贵、寿命短，还很容易压扁。

人体也做了很多权衡取舍。[56,57,58,59,60]一切都可以更好，只不过得付出代价。你的免疫系统可以反应强，但代价是组织损伤更大；你的手腕能粗到可以安全滑行而无须护腕，但那样的话，手腕就无法转动，扔出石头的距离会短一半；你可以拥有鹰一样的视力，可以在一英里（约为1.6千米）外发现老鼠，但要放弃色觉和周边视觉；你的脑袋本可以更大，但出生时会有生命危险；你的血压可以更低，但运动速度会相应减慢；你可以对疼痛没那么敏感，但会导致受伤频率提高；你的压力机制可以降低灵敏度，但那样就不能更好地处理危险。

每种情况的两个极端都有缺点，最佳成本效益的比例为中等水平。对疼痛或焦虑太敏感不好，太迟钝也不行。自然选择通常不会改变事物，而是令其维持在中等水平。没有痛苦或焦虑的生活似乎很有吸引力，但通常会很短暂。

5. 繁殖

人体的塑造并不以健康或寿命最优化为目的，而是为了最大化传递其基因。即使这会缩短寿命、增加苦难，增加后代数量的等位基因（一个基因的不同版本）却通过世代相传变得更加普遍。这并不是纸上谈兵。有半数人口的形成是由于英年早逝的自然选择。[61]当然，我是说，某种性别是相对脆弱的。男性比女性平均早死七年。在发达国家，0到10岁的孩子中，每100名女孩死亡，就相应有150名男孩死亡。而进入青春期后不久，该比率升至每100名女性死亡，就相应有300名男性死亡。[62,63]为什么会出现这种情况？最接近正确的解释中提到了睾丸酮及其对组织、免疫和冒险的影响。该演化解释称，将精力和资源分配给竞争，而不是组织修复，使男性生殖率比女性的要高；获胜的男性可赢得更多配偶，拥有更多后代。

但不只是男性付出了代价，女性也为生殖牺牲了健康，只不过没有男性的那么多。所有有机体的行为方式都是以提高适应度为目标，即使这会有损健康和幸福感。你是否有过即便知道会带来严重后果，还是极其渴望与某人发生性关系的想法？大多数人都有过，而且有些后果不堪设想。除此之外，我们还有其他的欲望和无法避免的苦难，因为并非所有欲望都能得到满足。我们都想被重视、变富有、被人爱、受赞赏、有魅力和变强大。这是为了什么？成功带来的快感，恰好能平衡失败产生的不良情绪。人类情绪给基因带来的好处，远远大于对人类自身的好处。

6. 防御反应

人会求助是因为症状，而非疾病。疼痛、发热、不适、咳嗽、恶心、呕吐和腹泻都是保护性反应。焦虑、嫉妒、愤怒和低落情绪也是如此。这些反应会在坏事发生时出现，虽令人不快但很有用。如果你患有肺炎，最好希望咳嗽反射运作良好，否则你很可能会因此丧命；你最好也希望医生知道适当咳嗽是有利的，同时不要开出太多过度止咳的药物。

　　尽管如此，医生还是会经常使用药物控制防御反应。真是谢天谢地！治愈不必要的疼痛、恶心、咳嗽和发热，能使生活变得更美好。但是，这里还有个谜团。如果防御是自然选择形成的有利反应，那你应该会猜到，阻止这些反应通常会导致病情加重。可为什么人在服用阻断正常防御的药物后，不会像苍蝇一样死亡？

　　为此，我思考多年，终于找到了答案——烟雾探测器原理（Smoke Detector Principle）。[64,65] 大多数给人造成痛苦的反应，在个别情况下都是不必要的。但它们仍可以完全正常运行是因为代价低，且能防止巨大损失。这些反应就像烟雾探测器的误报。烤面包时，偶尔会发出鸣响很有必要，因为这样才能确保在每次真正火灾发生前，你都会及时收到警告。同样，偶尔出现不必要的呕吐或疼痛也是值得的，因为这可以确保防止中毒或组织损伤的机能正常。这就是为什么使用药物止吐和止痛通常都是安全的。

　　如果你善于归纳总结，可能已注意到这六大原因可以整合成三个。错配和共同演化是问题的起因，身体演化得太慢，以致无法跟上环境变化；接下来的两个原因都是自然选择的局限所在，即自然选择受到限制，一切都需要权衡取舍；最后两个并非我们容易患病的确切原因，而是对自然选择的形成有所误解，自然选择是将繁殖最大化，而非健康。疼痛、咳嗽和焦虑等防御措施带来的不快，只是其效用的一部分而已。

疾病并非演化而来

试图找到易患疾病的演化解释，是个容易出错的挑战性工作。如第一章所述，视疾病为适应（VDAA）是演化医学中最常见和最严重的错误。因此有几点要再次提醒。疾病本身没有演化解释，它们并不是自然选择所形成的适应。与某些疾病相关的基因或性状，提供了影响自然选择的优点和缺点。然而，关于疾病本身效用的观点，例如精神分裂症、成瘾、自闭症和双相情感障碍，在提出前就是错的。正确的问题是，为什么自然选择塑造了使我们容易患病的性状？

这些易感性需要结合以上六大原因的演化解释。例如，有种趋势倾向于寻求单一解释，将所有问题归咎于现代环境或权衡和限制。但是，通常都会有多种因素。例如，动脉粥样硬化的演化解释包括现代饮食、感染在引起炎症中的作用，以及动脉中免疫激活的益处和代价。最后，演化解释不是描述机制解释的替代方案。两者都必不可少。对易患疾病的演化解释在帮助我们理解精神障碍究竟为何存在，以及如何找到病因和更好的治疗方法具有关键作用。

2

感觉的理由

第 4 章
坏感觉的好理由

> 有哭泣的时候，也有欢笑的时候；有哀悼的时间，也有起舞的时候；有爱的时候，也有恨的时候。
>
> ——《传道书》3：4（《新美国标准版圣经》）

买古董的乐趣之一，是了解到那些神秘器具的功能。我眼前这件斑驳的铁具，连轴转动一侧的曲柄，可将一支细杆穿入一个杯状小槽。我仔细观察了所有部件，又转了转曲柄，还是没弄清它的用途，只好请教卖家。"这是用来去樱桃核的。"他解释道。这可不是吗？知道它的用途，就立即能跟形状对上号了。把樱桃放进槽里，插入细杆就能将核捅出。了解到这一点后，我才知道这件器具是坏的——曲柄不能平滑转动。即便能正常操作，这玩意儿也没太大用处，因为对现在的大樱桃来说，这个转盘上的小槽未免太小了。

情绪造成困惑的原因与樱桃去核器的一样。尽管关于情绪的描述已经十分详尽，但情绪的目的是什么，却仍模糊不清。而且许多基本问题都还存在争议。什么是情绪？10位专家会给出10种不同答案。基本情绪共有几种？你会发现任何回答都有专家表示同意。我们如何判定情绪不正常？不了解每种情绪在不同情境中带来的益处和付出的代价，是无法回答这个问题的。情绪障碍的起因是什么？有人认为是大脑，有人归咎于饮食、感染、环境、思维习惯、心理动力学或社会结构。关于争论也会引起两种情绪：暴怒和沮丧。对争论袖手旁观也会引起其他情绪：孤立和无望。

以下几个误区的存在，不利于对情绪的理解。首先是没有认识到消极情绪是有益的。其次是没有意识到情绪的形成，是为了让人类基因受益，而非人类本身。还有一个根本障碍是，没有认识到对这些机制的描述，只解释了一半。不过，最大的障碍或许在于，将情绪视为设计系统的一部分，看似每种情绪都有一种不同的功能。而事实上，每种情绪都具备多种功能，同时，很多功能都是由多种情绪来完成的。不同情绪并非针对不同功能，而是针对不同情况，每种情绪都是为了应对某种情况而形成的。

疼痛和苦难都很有用

一般来讲，人们求医并不是因为得知自己患病，而是因为感到痛苦，才会找全科医生寻求缓解疼痛、咳嗽、恶心、呕吐和疲劳的方法，或向精神健康专业人士咨询如何消除焦虑、抑郁、愤怒、嫉妒和内疚。这些症状的临床方法有着明显差异。

假设你是医疗诊所的医生，要给一名年轻女性做评估，她自述在过去几个月里，腹部疼痛感愈发强烈，腹部中下方会出现抽痛，而且到了晚上情况还会加剧，但这似乎与进餐时间、食物或月经周期均无关。她身体一直很健康，没有服用过任何药物，无过敏症状。你还了解了其他情况并安排检测，尝试找出诱因。是癌症、便秘、大肠激躁症，还是异位妊娠？你会认为疼痛是表现症状，只要查明原因，就能找到治愈方法。

再假设你在心理健康诊所工作，也要给一名年轻女性做评估，她自述经常焦虑、睡眠不足、浑身没劲、对大多事情都提不起兴趣，甚至连自己五彩斑斓的花园也置之不理。这些症状已持续好几个月了，过去几周还出现恶化，最后无奈之下，她只好前来求助。她身体也一直很健康，没有服用过任何药物，无吸毒和酗酒史，最近亦无过大的生活压力。你或许认为这些消极情绪就是问题所在，于是采用缓解这些症状的治疗方法。

非常讽刺的是，强调"医学模式"的所谓"生物精神病学"（biological psychiatry）只借鉴了一半的生物学知识，而且其模式与其他医学领域也大相径庭。在普通内科中，疼痛、咳嗽等症状被视为有益反应，表明健康出现问题。这些症状有助寻找病因。而在精神病学中，焦虑和情绪低落等症状，通常被认为就是病因。因此，很多临床医生不会去查明引起焦虑或低落情绪的原因，只认为这些症状就是大脑受损或思维扭曲的病态产物。

人们往往容易忽视情境的影响，把问题归咎于个人的性格特征。社会心理学家将这种比比皆是的现象称为"基本归因错误"（the fundamental attribution error）。[1]*DSM*对此也进行举例说明，不管该患者处于怎样的生活状态，只要出现足够强烈持久的焦虑或抑郁症状，就能诊断为情绪失常。

为此，社会科学家艾伦·霍维茨（Allan Horwitz）和韦克·菲尔德（Jerome Wakefield）共同提出了减少同样错误的建议。他们指出，第四版DSM已将"近期失去至亲引起的抑郁"排除在确诊症状之外，因此，建议其类似的严重生活事件也应一并排除[2]。第五版DSM作者承认了这点的前后矛盾，但采用的解决方案是消除所有例外，甚至包括近期失去至亲[3]。该版作者认为，这有利于保持一致性，因为丧亲导致的严重症状有时恰好表明，这是需治疗的抑郁症状。此外，作者也不希望对此类事件严重程度的判断有损诊断的准确性。

在其他医学领域中，倾向于把症状视为障碍也是个问题，被称作"临床医生的错觉"（the clinician's illusion）。[4]症状之所以看似是问题所在，是因为它们给人带来很多痛苦，严重影响健康。痛苦会使生活凄惨。腹泻可导致致命的脱水，服用止泻药通常是安全做法，因此这类症状似乎没有出现的必要。然而，在某些情况下，疼痛、腹泻、发热和咳嗽都颇有用处。正如烟雾探测器原理所示，当类似情况可能出现时，每种症状都会表现正常。表现过度则是异常。表现不足有点难察觉，但也是异常情况。反应是否正常，取决于具体情境。[5,6,7]

许多反应会调整身体以适应情境变化。[8,9,10]生理学家研究各种机制如何调整呼吸、心率和体温以适应情境变化。[11,12,13]行为生态学家则研究认知、行为和动机变化如何调整有机体以适应情境变化。[14,15,16]正如出汗、发抖、发热和疼痛，恐惧、愤怒、快乐和嫉妒的能力在某些情境下也自有用处。[17]

那些有过亲身体验的人会认为，"消极情绪有时也是有用的"这

一观点简直荒唐可笑。为了跳出这种情有可原的怀疑主义，列举以下
4个理由，来充分说明哪些症状是具有演化起源和效用的。首先，焦
虑和悲伤等症状与出汗、咳嗽一样，不是在少数人身上突然出现的罕
见变化，是几乎所有人都会在特定情境下产生的一致反应。其次，情
绪的表达受特定情况下表达机制的控制，这样的控制系统只以影响适
应度的性状为演化目的。再次，无任何反应有时是有害的，少咳嗽会
引发致命肺炎，不恐高更容易出现失足。最后，有些症状虽然会对个
体本身造成巨大损失，但仍然有益于个体的基因。

情绪是为了我们的基因，而不是我们

1975年，一个温暖的夏日傍晚，我正在医院值晚班。病房里平安
无事，急诊室也很安静，于是我开始阅读爱德华·威尔逊（Edward O.
Wilson）的新书《社会生物学》（Sociobiology）。接近午夜时，我读到
一句让我震惊的话：

> 情爱与憎恨交织、仇恨与恐惧并存、扩张与后退相伴，
> 依此类推，矛盾并存不是为了增加个体的幸福，而是为了
> 最大化传播具有控制力的基因。[18]

灵光一闪，我瞬间认识到自己对行为和情绪的看法都是错的。我
曾以为，自然选择的目的，是为了将人类塑造成健康、快乐、善良、
懂合作的社区一员。其实不然。自然选择才不在乎我们的幸福。对于
演化来说，唯有成功繁殖才重要。十年来，我一直都全身心投入情绪
失常的治疗工作中，但却对什么是正常情绪一知半解。在一夜辗转反

侧后，我决定自己寻找答案。第二天，我在我的精神病学的教科书中搜寻有关情绪的资料，可是，只找到了少许模糊信息，读起来枯燥乏味不说，还令人感到满腹疑惑。当时情绪一下就上来了，我随即转移了注意力。

不久后，有名学生向我咨询该如何控制嫉妒感。他说情况很紧急，因为"我女朋友很漂亮，对我来说，再也不可能找到像她这样的女人。我们一起生活了好几个月，但她说如果我再这样嫉妒下去，就会跟我分手。我必须克制我的嫉妒。"他脑海里会浮现女友和其他男人接吻的场景，但他又没有理由怀疑她出轨。他有时还会跟踪女友，看看她是否真的去上班了，要么就找借口打电话查岗。当然，他没有精神错乱、沮丧和抑郁。

我还问了他父母的相处情况，他的早年生活和恋爱经历，以及其他失常症状，但未发现任何相关信息。于是，我们开始用认知行为疗法，试图纠正他的非理性想法。不过，进展甚微。他坚称女友准备和他分手，所以我们重新梳理了他的问题。

我现在跟他关系不错，于是就问了个导致病态嫉妒的常见问题。"没有，"他说，"我没有外遇，你怎么会这么想？"然而，当我再次问他有没有理由怀疑女友有外遇时，他说："没有，根本不可能。她只跟她最好的朋友出去。""那她会在外面待到多晚？"我问。"这个嘛，"他说，"她每周至少有五个晚上都和我在一起，不过有时也会整晚待在外面。""她真的只是和闺密在一起？"我问。"哦，不是闺密，"他说，"她最好的朋友是个男的，他们打小就认识了。但只是朋友而已。"我没有问下去，认真想了想他的回答，然后轻声说："我们得好好谈谈。"

　　因爱生妒（sexual jealousy）这种情绪真是害人不浅。20世纪60年代，许多过着公社式生活的人都极力摆脱这种情绪，主张自由恋爱，认为能够消除嫉妒这一社会习俗。但没有哪个公社能幸免于难。尽管所有人都试图压抑，嫉妒却还是像杂草一样蔓延开来，给人际关系造成了不堪设想的后果。演化和嫉妒问题专家戴维·巴斯（David Buss）指出，所有的凶杀案中，配偶作案占了13%。[19] 从1976年到2005年，美国遭伴侣杀害的死者当中，有34%是女性，男性只占2.5%。痛下杀手是嫉妒所致的极端做法，但其带来的指责、暴力和关系破坏等祸害却是屡见不鲜。为什么自然选择没有淘汰掉这种可怕的情绪呢？

　　试想有两个男人，一个在怀疑伴侣有外遇时会心生嫉妒，另一个则无论发生什么都能心平气和地接受。哪个会有更多的孩子？坦然接受的男人生活可能会更幸福，但其伴侣怀上他人孩子的风险就会高于平均水平。如果他的伴侣真的有了别人的孩子，那她在孕期内就无法怀上他的孩子，要是选择母乳喂养的话，就还得再晚几年。因此，不会嫉妒的男人让伴侣怀孕的机会，往往少于那些会嫉妒的男人（对所有人和整个社会来说，这种男人并不讨人喜欢、遭人反感，且带有威胁性）。如果情绪一直都有助于我们就好了！唉，只可惜情绪的形成目的是让基因受益。

治疗教育

　　随着对情绪用处的认识越来越清晰，我不免担心自己消除焦虑和抑郁症状的疗法，可能就像开止咳药治疗肺炎一样。认识到自己对情绪的无知，让我产生了新的情绪：尴尬、困惑、低自尊，但谢天谢地，我还保有好奇心。这些都是有效的激励因素。随后，我更仔细翻阅了精神病学教科书。在这本4 500页、使用最广泛的精神病学教科书中，讲述正常情绪的内容却只占了半页。[20]但好在还有数百本书和大量文章也对情绪做了详细描述。于是，我开始着手研究这些关于情绪的资料。

一个月后，我觉得自己像翻过岩架的登山者，期待即将登顶时却发现，远处隐约出现了更高的山峰。又过了6个月，跨过一座又一座高峰的我，终于完成了资料翻阅。此时居高临下的我，还是无法一览众山小，出现在眼前的是团团迷雾，夹杂着混乱事实和冲突派系。我几乎没有发现情绪周期表之类的内容。相反，大多关于情绪的著作，都是炒了数十年或数百年的冷饭。基本情绪共有几种？是4种、7种，还是13种？又或者，情绪是否更适于用连续维度来描述，例如积极←→消极、激动←→平静？情绪的哪个方面最重要：是生理、思维、感觉、面部表情，还是行为？愤怒的作用是什么？悲伤的作用又是什么？还有最根本的问题，什么是情绪？这些书籍和文章给出了自相矛盾的答案。[21,22,23,24,25,26,27,28,29,30,31]

沮丧之下，我开始求助于威廉·詹姆斯（William James），阅读他在1890年出版的经典著作《心理学原理》（*The Principles of Psychology*）。

就情绪的"科学心理学"而言，我可能读过太多这一主题的经典作品，不过我很高兴读到对新罕布什尔州农

> 场的岩石形状的口头描述，好像是再爬过一次。这些描述
> 没有核心观点，也不是演绎或一般原则。它们无限地区分、
> 改进和细化，始终没有进入下一个逻辑层面。[32]

　　我很开心能发现这本好书，同时也沮丧地认识到，一百年来在情绪方面取得的进展寥寥无几。但这并非因为有才之人不努力。如果情绪周期表存在的话，那一批批研究人员必然会有所发现。然而回答不了的问题，到头来往往都是错误的问题。情绪周期表真的存在吗？如果情绪具有某种程度上的天然复杂性，能够使任何简单描述变成极大歪曲，那会怎样呢？如果情绪根本不像机器的设计组件，又会怎么样？是谁对情绪采用了演化方式？

　　我首先阅读查尔斯·达尔文（Charles Darwin）的书《人与动物的情感表达》（*The Expression of Emotions in Man and Animals*）。[33]这本书强调了人类和其他动物情感表达的相似之处。许多情绪专家都认为这本书是检验标准[34]，但在我看来，它主要是关于情绪的演化史，几乎不涉及情绪的功能。最后，我读到了心理学家艾伦·弗里德伦德（Alan Fridlund）所著书其中的一章，其标题让我心生困惑："达尔文在人类和动物情感表达中的反达尔文主义"[35]（*Darwin's Anti-Darwinism in The Expression of the Emotions in Man and Animals*）。

　　弗里德伦德解释说，达尔文写书是为了反驳神经病学家和艺术家查尔斯·贝尔（Charles Bell）（因发现贝尔面瘫而在医学界享誉盛名），他声称人类面部的32块肌肉是神灵布置在那里用以沟通的。[36,37]达尔文通过展示许多物种的情绪姿势和面部表情的显著连续性来反驳

这一论点。达尔文过于强调这种连续性，以致忽略了情绪是如何在特定情境下，根据物种的不同需求进行调整的。他强调沟通功能，却忽略了生理、认知和激励功能。简言之，达尔文这本关于情绪的书，确实是反达尔文主义的。书中观点一直强调通过面部表情进行交流，而相对忽略了关于情绪是如何提供选择优势的问题。

20世纪60年代，神经科学家保罗·麦克林（Paul MacLean）提出了第二种演化方法。他描述了自己所谓的"三位一体大脑"（triune brain），认为在演化过程中，大脑有3个依次添加的组成部分。[38]在他看来，最古老和最低级的爬行动物的大脑是本能行为的来源；接着，大脑边缘系统是情绪来源；最新模块，即脑皮层，能提供抽象思维，只存在于灵长类动物中。然而，无论是大脑不同部分单独功能的分配，还是演化序列，相关说法都站不住脚。[39]而且更重要的是，这一理论并没有明确说明，情绪是如何提供选择性优势的。

现代神经科学家，如约瑟夫·勒杜（Joseph LeDoux），采用了新的方法证明大脑特定部位（如扁桃体）是如何产生特定情绪的（如恐惧）。他在研究中发现，产生恐惧的两条路线，一条是快速反应的"低路"，另一条是涉及更多认知过程、反应较慢的"高路"。[40]这些方法有助于更清晰地认识情绪的功能，即便当中没有涉及情绪是如何提高适应度的。

另一种演化方法是，通过为每种情绪指明一项功能，来明确情绪的各项功能。一个有关心理健康的网站称："愤怒的唯一功能，就是通过释放或阻止对情绪或身体冲动意识的痛苦程度，来克制压力。"[41]另一个网站则称:"我们一直循环利用愤怒最主要的功能,从保护生命、至亲和同族人到维护自尊心。"[42]

甚至某些治学严谨的科学家也表示:"每种情绪都具有内在的适应性功能。"[43]悲伤被认为具有"加强社会纽带""减缓心理和运动活跃度"及"遇到困难时自我疏导"的作用。[44]愤怒能够"减少对他人的攻击、消耗能量、增加肌肉的血流量"。[45]"羞耻或预计会带来羞耻,会促使个体承担起他/她的社区责任。"[46]

这种方法更接近于解释情绪是如何发挥作用的,其中关注功能的新研究也越来越成熟,且更趋向于演化的角度。[47]但在我看来,这些方法大多都误认为情绪类似机器的组成部分,因此为每个部件制定某个功能的做法并无不妥,正如樱桃去核器上的曲柄、小槽和细杆都有特定的功能。但情绪并非设计产品,而是演化形成的。每种情绪的功能不止一种,恰好相反,是有很多种。

我的文献阅读计划得出的重要结论是,试图为每种情绪确定功能的方法阻碍了研究进展。将情绪视为提高情境应对能力的特定操作模式,才是更加合理的看法。[48]情绪与计算机程序相似,能对机体许多方面做出调整,来有效地应对特定的情境和任务。[49,50]

什么是情绪?

对这个问题的争论持续了好几百年。在心理学家罗伯特·普拉切克(Robert Plutchik)关于情绪的精装教科书中,列出了筛选自数百条建议中的21种定义。[51] 而且每年还有不断更新的文章和书籍探讨此话题。在2013年的"人格与社会心理学会"（Society for Personality and Social Psychology）大会上，探讨情绪的分会主题为："什么是情绪？"你可能会认为，现在几乎所有人都会对某个定义达成共识，只是不同领域的专家会强调情绪不同的方面，因此争论不休。

从演化的角度来看，依据形成力量，情绪可简单定义为：一种能调整生理、认知、主观经验、面部表情和行为，以提高物种适应性挑战的能力，从而应对演化过程中反复出现情境的特殊状态。[52]

不同的情绪，就好比电子琴编好的各种音乐风格。每种风格都组合了某种音乐需要的乐器、节奏、和弦和音色。如果将键盘设为"古典风格"，就会响起伴随阵阵低沉回声的华丽曲调。如果设为"萨尔萨舞"(salsa)，就能听到清脆的号角声应着热情鼓点的舞动旋律。如果设为"爵士乐"，听到的音乐便与萨尔萨舞稍有不同，与古典音乐却迥然相异。每种模式都进行过很多次调整，形成各具特色的音乐，但也有很多相似之处，就像恐惧、愤怒、爱和敬畏一样。

接下来自然要问，共有几种情绪。"基本情绪"的列举清单可追溯到文字记录出现时期。20世纪后期，保罗·艾克曼（Paul Ekman）、卡洛尔·伊泽德（Carroll Izard）、罗伯特·普拉切克（Robert Plutchik）、西尔万·汤姆金斯（Silvan Tomkins）和其他人的研究，共同推动了这一问题的解决。[53,54,55,56] 他们请人罗列出各种情绪，然后从中挑选出现频率高的情绪。随着研究方法不断成熟，以及跨文化研究的进一步发展，部分情绪得到了一致确认，如恐惧、喜悦、悲伤和愤怒。[57,58,59] 然而，不同研究者的列表都略有差异，基本情绪的数量为 3~17 种。

从某种程度上来说，不同发展时期的情绪之间是相互独立的。人类目前的情绪与祖先在稍有不同的类似情境下产生的情绪有所区别。那这么说来，就没有必要论证基本情绪的数量了。每种情绪都有自己的"原型"，即描述一个云团中央的范例，这个云团在一定程度上使反应多样化。[60] 这些重叠的云具有重叠的模糊边界。

假设一棵树能说明情绪的演变，那么有些树枝则拥有共同的情绪原型。[61] 这并非科学家一直寻找的整齐划一的包装箱，但它提供了一个演化框架，可以解决部分重要问题。例如，情绪要么积极，要么消极，因为只有包含威胁或机会的情境才会影响适应度。积极情绪鼓励有机体寻找并留在有机会做益于自身基因事情的情境中，而消极情绪则促使有机体避免和逃离造成威胁或损失的情境。

情绪的效用完全取决于具体情境。面临威胁或损失，焦虑和悲伤都是有益的，而快乐和放松比无用更糟。机会出现时，欲望和热情是有益的，相反，忧虑和悲伤是有害的。因此，具备优势的，不是那些一直处在焦虑、悲伤或快乐之中的人，而是那些在快要失去时会焦虑、失去以后会悲伤、看到机会和获得成功时会感到欢欣鼓舞的人。

如果所有情境都如此简单就好了。但对于想要玩转极其复杂的社交网络的人来说，几乎每种情境都会出现相矛盾的机会、风险、收益和损失，极其错综复杂、飘忽不定。如果有政治污点的来源向你提供一大笔研究经费，你会怎么做？如果你发现好友的伴侣有外遇，你又会怎么做？我们的情绪随时会给心理的阴谋诡计火上浇油，尤其是在我们宁愿睡觉的晚上。

有人认为，主观感受是情绪的本质，但感受仅仅是情绪的一个方面。这种感受偶尔也会缺失。[62,63]我常遇到一些患者，主要是男性，自述感到疲劳、体重减轻、睡眠不佳、缺乏主动性，但无悲伤或绝望感。他们患有抑郁症，但我多次未能作此诊断，直至我终于意识到主观感受只是抑郁症的一个方面。一旦摆脱了"情绪总会涉及主观感受"的观念，就有可能将情绪的产物追溯到行为调节的起源 —— 一直追溯到头。

细菌没有感受，但它们确实有按需开启的不同状态。[64]它们会在所处环境被毁时，出现最为惊人的转变。原本畅游的细菌可摇身变成微小坚固的孢子。即使在稳定的环境下，细菌也能表现出非凡的环境变化适应能力。[65]例如，高温诱导合成具有保护性的热休克蛋白（heat shock proteins）。当食物浓度比半秒前高时，会让细菌的鞭状尾巴逆时针旋转，使它们直接朝食物游去；如果浓度下降，鞭毛会反向打成结，使有机体四下乱转。[66]当浓度再次高于半秒前时，它们便恢复直线游动。[67,68,69]这就是细菌如何游到你身体某处快乐生长的经过。

细菌仅需一秒钟的记忆和转变，就可以完成来回翻滚游动，游向食物，远离危险。我们在生活中有时不也是这样吗？四处闲逛的你，突然看到眼前道路黑暗荒凉，发现自己跌跌撞撞地找不着北。那种感觉糟糕透顶了，不过尝试随机选个方向，总比原地死守更好，或者更糟。

情绪与文化

情绪的标记、表达和体验，在不同的文化中千差万别。即使是情绪这个词，在许多语言中也没有准确译法。最接近的德语单词Gefühl，结合了情绪和身体感觉的含义。萨摩亚语（Samoan）和法语中有些词汇可以描述"有感觉"，但没有词汇包含感情、思想和身体感觉。德语中的Sehnsucht意为"苦乐参半的渴望"，可是，其他文化并不存在意思与之对应的词语，该词的空缺或许会让这种感受更少见。Disgust（厌恶）一词看似很常见，但波兰语中却没有完全对应的词。娇宠（amae）常出现在日本人之间，这是种如婴儿对母亲的依赖感，但英语里没有类似的词，也许是因为这种关系在西方并不常见。

文化会影响情绪，就像它会影响体重、血压和其他大部分事物一样。[70]文化会影响人们认可的情绪、描述情绪的词语、唤起情绪的场景，某种程度上还会影响我们能感受到的情绪。然而，感受情绪的能力是我们彼此共享的自然选择产物，并且在某种程度上也与其他物种共享。

有几位科学家回溯到远古文化，为的是弄清情绪化的面部表情是否具有普遍性。心理学家和最杰出的情绪研究者卡洛尔·伊泽德（Carroll Izard）拍摄了8种文化中32张面部表情照片，发现各地人基本能识别出所有情绪的表达，少数情绪除外。[71]德国研究者艾柏·艾伯斯菲特（Irenäus Eibl-Eibesfeldt）也通过大量研究得出了类似结论。[72]另一位卓越的情绪专家保罗·艾克曼（Paul Ekman）也进行了相关研究，发现不同文化在愤怒、厌恶、恐惧、喜悦、悲伤和惊讶等面部表情的识别能力上具有一致性，但在识别蔑视及其他一些情绪的能力上，则存在相当大的差异。[73]

以上研究在那一代研究者当中引发争议，褒贬不一[74]，有人提出反驳意见，也有人对此做出回应。[75]这些研究是关于先天存在和后天培养的争论利器。这些争论使情绪研究看起来像是未开垦的科学丛林；然而，就像探地雷达发现了柬埔寨遗失的中世纪城市一样，所有情绪过度发展的背后，都拥有一致结构。

现居澳大利亚的波兰哲学家和语言学家安娜·威尔斯比克（Anna Wierzbicka），以极其清晰和深刻的方式，在著作中专门阐述了这些问题。[76]书的一开始，她便以讲述情绪在文字中表现的巨大文化差异，巧妙地打消了"只要几个英语单词就能描述通用的基本情绪"的观念。但她接下来又说，所有人类都共享她所谓的普遍"语义原始语"（semantic primitives），诸如"大小"之类的概念，尤其是"感觉"的概念。英语中的情绪概念受文化约束，但对感觉的体验是普适的，如恐惧、快乐、悲伤和羞耻等情绪。

威尔斯比克得出的结论是，每种情绪都与特定情境相对应，且大多数情境都相当一致。她还发展出一套成熟但复杂的系统，来定义与每种情绪相应的情境，如被假想的朋友背叛。她的系统表明，在文化差异之下，情绪是对情境的持续反应，情境的普适性产生了一致的情绪。

　　生物学与文化的旧二分法正在逐渐消失，取而代之的是它们如何相互影响这一更复杂的观点。丽莎·费尔德曼·巴雷特（Lisa Feldman Barrett）的著作通过介于评价理论和社会建构理论之间的情绪"心理建构"观点，来证明这一进展。[77,78] 她在书中指出，情绪的基本要素是通过自然选择形成的，与其他动物共享。但书中还强调，这并不意味着各种情绪之间都以专用的大脑回路和固定的表达方式各自区分开来。相反，不同情绪处于重叠状态，各种情绪与受文化影响的认知和感知相互交织，共同完成了情绪塑造。[79] 这一进程与对演化的有机复杂性认知完全一致。

有情绪可耻吗？

　　古希腊哲学家的很多观点都将情绪视为适应不良的不速之客，会有损人的理性。《斐德罗篇》（Phaedrus）中，柏拉图把人类生命看作由两匹马牵引的战车。代表理性的那匹马是"高尚的、正直的、干净利落的"。另一匹则代表情绪，是"卑鄙的、不诚实的、缓慢沉重的。这家伙粗鲁无礼、趾高气扬、愚钝冥顽，几乎不屈服于鞭子和踢马刺"。[80] 这种观点，还是留给支持理性而贬低情绪的哲学家吧。

　　柏拉图说出这番话的两千多年后，我收到一封邮件，邀请我参加一场名为"无辔头的感情"（Unbridled Passions）的主题讲座。这样比喻是有充分理由的。在激情高涨的状态下，我们可能会指责爱人、抨击老板、辱骂朋友、与完全不合适的人发生性关系。情绪激动下的行为往往带来后悔。情绪还会造成无用的痛苦。无由来的恐惧，让患鸟类恐惧症的人不敢野餐，让患飞行恐惧症的人无法享受美妙的旅行，让患广场恐惧症的人常年不敢踏出家门。没有必要的罪恶感和不配感为很多人徒添负担，尤其是那些想站在更高道德点上的人。嫉妒、愤怒和吃醋破坏了很多人的生活。在无由来的痛苦和引发社会冲突这两种适应不良的行为之间，许多情绪看似卑鄙无用。但为什么自然选择还会任由我们保有如此多无用的痛苦情绪呢？想要解答这个问题，就得明白为什么我们如此在意自己的目标，以及情绪如何帮助我们实现目标。

我们的祖先遇到过情绪发挥有益作用的情境。有些是特定身体信号引起的特定身体状况。跌落、见血、阴影和突然大声喧哗，都表明可能存在危险，所以他们直接产生恐惧，或者通过学习很容易就与恐惧联系起来。[81,82,83,84] 不过，更微妙的情境也能塑造情绪，特别是在追求目标过程中产生的情绪。

有机体想要得到性、权力和资源，也想避免危险和损失。在追求这些目标的过程中会产生一系列明确的情境。每种情境都会提出不同的适应性挑战，塑造不同的情绪状态。机会激发热情、成功带来喜悦、威胁导致焦虑、失去引起悲伤。我很欣喜地看到，追求目标时出现的这4种情景，与那4种情绪对应得如此巧妙。我的哲学家朋友艾伦·吉伯德（Allan Gibbard）和彼得·雷尔顿（Peter Railton）指出，这种观点在很早以前就存在了，柏拉图发现了4种关系密切的基本情绪：希望、恐惧、欢乐和悲伤。[85] 这两位哲学家还强调，由这4部分组成的体系变体，是古希腊和中世纪以来欧洲大多数情绪理论的核心。这一变体还可通过区分身体状况和社会情境、增加其他结果引起的情绪来进一步拓展，如追寻机会失败时的失望、避免威胁后的解脱。

追求目标时产生的情绪

		之前	之后	其他结果
机会	身体的	渴望	开心	失望
	社会的	兴奋	喜悦	
威胁	身体的	恐惧	痛苦	解脱
	社会的	焦虑	悲伤	

"目标"一词完全不足以描述人类追求的多样性。有些是长期目标，如培养出快乐的孩子；还有暂时性目标，如尝试说服听话者，你的玩笑并没有实际听上去那么有攻击性。为了简化，我使用"目标"这个词来指代某人想要得到、找到、成为、失去、逃离或躲避的任何事物。心理学家曾使用很多描述词来表述，包括使命、人生任务、事业、目的、意图、对象、追寻个人意义或可能的自我。以上每个说法都与其探索情绪和目标追求的丰富文学含义相关联。[86,87,88,89,90,91,92,93] 心理学家都深知目标追求如何影响情绪，但精神病学家却不甚了解。

开启情绪

大脑如何得知什么时候打开某种情绪？如上所述，有些信号（如阴影和突来的噪声）可快速通过特定大脑路径，产生恐惧感，刺激心跳加速，著名悬疑片导演阿尔弗雷德·希区柯克（Alfred Hitchcock）

便深谙此道。其他信号只有通过习得才会产生情绪。最初只引起少许注意的嗡嗡声，震动多次后会引起恐慌，正如伊万·巴甫洛夫（Ivan Pavlov）展示给他那些狗的烦恼一样。一束最初没有任何作用的光，随着食物出现几次后，会刺激狗分泌大量唾液，就像狗主人观察到的那样，给狗递上一块饼干会让它的口水流到地毯上。食物到嘴的前几秒就过度流口水，必定提供了足够大的选择性优势，才能保全这个典型的条件机制。

奖励和惩罚也会激发情绪学习。你在派对上将灯罩放在头上，第二天早上回想起来，会觉得尴尬至极。这会引起不适情绪，抑制你想在今晚派对上重演的冲动，除非你的焦虑情绪在一轮龙舌兰酒后再次被抛到九霄云外。

除了与其他生物共享的这些学习能力，人类还有特殊的超凡能力。我们的大脑能建立多种世界模型，想象出各种未来的场景。[94,95,96] 我们的大脑还会设想可能发生的不同行为的结果。在计划、幻想、梦想和想象时，情绪把我们领往某些路径，远离了其他方向。与活跃好玩的人结婚会是什么样子？与稳定无趣的人结婚又会是什么样子？大脑产生了充满情绪的幻想，指引我们朝着有利于基因（可能对我们本身也有利）的方向走去。

也多亏拥有使用内在模型的能力，以预测可能出现的未来，我们才能比其他物种在更长的时间内，追求更大的目标。我们的策略通常涉及复杂的社会关系，以及困难的决定。尤其困难的，是决定是否放弃正在失败的大计划。还值得再花一年时间，跟这个不给承诺、活跃有趣的人在一起吗？今年再参加一次篮球队选拔怎么样？申请升职有什么意义吗？接着维修没有引擎的1955年雷鸟值得吗？继续寻找导致精神分裂症的基因值得吗？我们一直被多个计划和相冲突的策略来回拉扯。对此，人类学家罗宾·邓巴（Robin Dunbar）给出了很有说服力的看法，他认为这解释了为什么人类会拥有体积庞大的大脑。[97]

有些目标是一致的，但很多却并非如此。人类的价值和特性千变万化，因此预测新信息会唤起什么情绪，需要了解个体的价值观、目标、计划和策略。情绪研究带来的重磅消息是，情绪来自人对信息的个人意义"评估"。[98,99,100]验孕棒上显示检测呈阳性的那条红线，可能让花季女生绝望落泪，又或者让备孕多年的女人喜极而泣。

这个世界不止有粗糙的刺激−反应模式。它不仅涉及微妙的社会学习和信息处理，还涉及个体对信息意义的解释，以便使用他/她的独特策略，朝着个人目标迈进。人们对健康、金钱、地位和有魅力的伴侣的重视程度差异巨大。有些人最在乎的是钱，有些人只祈求爱或平安。人不仅存在价值观的差异，所使用的社会策略也有所不同。为了获取社会影响力，有人选择慷慨解囊，有人会通过成为派别主心骨，还有人则不惜采用威胁手段。前两种人能避免暴露自私本性，第三种人反而会隐藏同情心。同一个体的目标甚至会随时间推移而发生改变，因此同样的信息也会引起差异明显的情绪，如验孕棒的那条红线。

从演化的角度来认识情绪，有时被认为是对人类行为刻板客观的看法。不过这并没有假设人人雷同，恰恰相反，演化的视角鼓励进一步关注不同个体的希望、梦想、恐惧和多种特性。

调控情绪

有些人非常情绪化，而有些人则无论发生什么事都泰然自若。这两种极端状况在某些婚姻关系中会暴露无遗。有一对伴侣前来求助，相处20年以来，他们一直不开心，常常起冲突。男方在当地一家银行分行做管理工作，女方则是名平面设计师。多年前一个周五晚上，他第一次与她相遇在大学图书馆，觉得她很活泼开朗。他说："她很漂亮，性格爽朗，能让我变得活跃起来。不过她根本不讲理。"她说："那时的我喝了两杯酒。原计划要钓个商学院学生，但你看看我最后得了个啥——一个计算器！"他们经常能共同做出很好的决定，但其间待在一起的两人并不开心。他们想象未来的日子也不会好过。浪漫痴迷引起的自欺令人兴奋不已，但这些自欺给基因带来的好处，比给我们自身的还要多。

有些人会因为眼皮跳而担心好几天，但有些人就连被当面羞辱都无动于衷。有的人会因小小机会而激动万分，而有的人就算机会从天而降，也不会挪一挪椅子上的屁股。这两种极端做法都要付出代价。容易情绪激动的人，会热情高涨地把精力从未完成的计划转向另一个计划，也会意志消沉导致错失新的良机。基本没有情绪的人则无法充分利用机会，也无法在受威胁时很好地保护自己。那么为什么情绪反应程度会有如此大的差异呢？有个合理猜想是，反应程度不一的人大体上都有相似的达尔文适应度。没有哪套基因组是正常的，也没有哪种个性是正常的。

我们所有人都努力想摆脱痛苦的情绪。但这些情绪的存在是有原因的：为了激励改变、逃离和避免此类情境。但糟糕的情境有时是无法改变和避免的。当无法帮助上瘾的孩子或濒临死亡的伴侣，人会产生无益的可怕感受。即便在日常生活中，这类无益的感受也会纠缠着我们。所以要控制这些情绪也情有可原。很多书籍和文章都给出了情绪调控的建议。[101]他们大多数都强调改变思维习惯，或转变该情境的含义。有人尝试通过运动、分散注意力、冥想或精神药物来直接抑制情绪。有人则鼓励不惜代价来改变情境。

而最常见的有效策略：静等。情境会改变，情绪雾霾会散开，愤怒也会消退。变截瘫很可怕，中彩票很美好，但是一个人主观幸福的大体水平，会趋向于恢复到截瘫或中奖之前。[102]我们一生都在追求美好的事物，逃离可能发生的灾难。成功时，我们怡然自得；失败时，我们黯然神伤一段时间。"心理免疫系统"启动，帮助我们以比预期更快的速度走出沮丧，重整旗鼓。[103]正如情绪化的程度，这取决于主观幸福感的平均设定点，不会对适应度造成太大影响。重要的是，具有对情况变化做出适当反应的能力。

情绪障碍

演化视角对研究正常情绪是必不可少的，这通常作为合理解释异常情绪的基础。每种身体反应都会出岔子，过少或过多这两种都显而易见。比如，从不咳嗽的人会患重疾，无缘无故咳嗽的人也会染重病；免疫反应不足可导致感染，反应过度会引发炎症和自身免疫性疾病；无法感受疼痛的人会早死，有慢性疼痛症状的人有时希望自己早死。

情绪障碍的研究主要针对焦虑和情绪低落等消极情绪。积极心理学这一新领域则把注意力投向需要关注的积极情绪缺陷。[104]过于重视消极情绪和缺乏积极情绪的倾向，可用"快乐原则"（pleasure principle）来解释：我们都希望能避苦趋乐。但是，这忽略了另外两种重要的情绪障碍。

积极情绪可能过度。[105,106,107,108,109]极端的积极情绪，是严重甚至致命的异常躁狂状态。陷入这一状态的人，有的会狂喜，有的则被淹没在失控的宏伟目标追求中，这些目标就像混杂着各种主观状态的高压锅。少点不必要的积极情绪，对于有过这类情绪的人来说更好。有些非常活泼的人可能让人受不了，而有些人则完全忽视了别人希望自己更敏感的社交信号。

消极情绪也可能不足。很少有人抱怨这点，但这也是严重疾病。比如，恐惧和焦虑不足都有可能致命；不会吃醋降低生殖成功率；感觉不到悲伤会导致不断重复做同样的蠢事。

积极心理学和消极心理学吸引了所有关注。而演化的观点则明确指出了对"对角心理学"的忽视，即过度的积极情绪和不足的消极情绪。焦虑、低落、尴尬、厌恶、惊讶、内疚、骄傲、嫉妒、吃醋和爱等情绪的过度和不足都值得关注。

对角心理学

	消极情绪	积极情绪
过度	过度的消极情绪	过度的积极情绪
不足	消极情绪不足	积极情绪不足

过度和不足只是最明显的情绪异常。反应也可能过快、过慢、过久或者对错误信号做出反应。脾气暴躁不好，但性子慢、容易怀恨在心或无缘无故生气也不好。如果在一段恰当的时间内，受到正确信号的刺激，以合适的速度达到合理的强度，愤怒会是有益的，但在很多环节都有可能出错。

演化的框架最终会帮助我们找到情绪问题的新疗法，不过它对当下也具有实际意义。情绪是有含义的，我们应尝试理解情绪所传达的信息。情绪通常会试图让我们做或不做某事。情绪有时是明智的，我们应该留意。[110,111,112,113,114,115] 但并非一成不变。情绪有时也会鼓动我们去做有助于基因、却伤害我们自身的事。情绪有时还会来自我们对世界的扭曲观点，或源于大脑异常。把所有的可能性考虑在内，是为做出明智决策提供一个框架。我们通常可以为了自己做到这点，但专家建议也很宝贵。

那些像机械师一样思考的情感专家会指出哪里出错了，然后推荐最可能有效的处理方法。无论病因是思维歪曲还是大脑异常，他们通常归咎于某种原因，然后提供针对性治疗。而从演化角度看问题的情绪专家，则采用工程师的思维。他们认识到情绪的效用，以及使人易受情绪问题影响的历史和设计限制。这促使专家们周全考虑多种原因，以及可能的治疗方法。这类专家还会分析某种情绪在具体情境下是否恰当，而不是简单认为积极情绪总是好的，消极情绪总是坏的。他们会评估某些症状的严重程度是否与该情境相符，而不是假定情绪调节机制出问题了。他们认识到情绪正为了基因的利益而牺牲个体的可能性，而不是假定正常触发的症状对个体有益。他们会深入挖掘，努力弄清个体的问题来源，而不是将引起情绪的因素笼统概括为"压力"。总之，他们会像医生那样思考和行动。

第 5 章
焦虑和烟雾探测器

学会正确处理焦虑的人，就算学到了终极知识。[1]

————索伦·克尔凯郭尔，《焦虑的概念》，1844

我站在旧金山北部位于太平洋边缘的雷耶斯角（Point Reyes）的巨石上，晒着阳光、吹着海风，只有一两英尺高（1英尺＝0.30米）的海浪夹着咸咸的海味翻滚而来。有警示牌上写着："危险！小心疯狗浪。不要踏上岩石。"但美好的一天下来，我都没见到巨浪撞向脚下的岩石。说时迟那时快，冰冷的海水一下子翻涌到我的大腿上，脚下突然一打滑，我被大浪拽倒在地。很走运，我一时的疏忽大意没有造成致命伤害。但这次海边短途旅行至今仍历历在目，心有余悸的我再没有重返旧地。

那些差点被海浪卷走、受到惊吓的人，很可能再也不会去海边了。但有些人却正好相反：他们过于担心，以至于从来不敢靠近大海。如果你老想着可能随时发生海啸，那肯定不觉得海滩好玩。对于患有焦虑障碍的人来说，丝毫危险都会引起出汗、紧张、脉搏加快、心跳加速、恐慌情绪和逃跑。

来到我们诊所，是玛莎多年来第一次走出家门。一直以来都是她丈夫出门采购食物，而她只能依靠邮购给自己买衣服，而且码数越来越大。

出色的木匠山姆和其他同事一起用餐时，会焦虑得吃不下饭。同事都怀疑他是狗眼看人低，所以每次山姆一说话，大家都等着嘲笑他。这加剧了山姆的焦虑。

朱莉也不能和别人一起吃饭，不过她的恐惧程度已严重到令人窒息。所以她只好一个人在家吃，而且还会把食物搅成浓稠液状。

梅尔很喜欢待在户外，每天都会跑步。直到有一天，他害怕自己被蚊虫叮咬染上西尼罗热（West Nile），整个人变得忧心忡忡。从那之后，他就很少出门，非出不可的话，就会在皮肤上涂抹驱虫剂。

比尔不是担心通过性传播感染艾滋病毒，而是担心使用了公共厕所。尽管他知道实际上不可能发生，但他离家距离驱车从未超过一个小时，而且多年没有休假。

还有玛丽莲，她被鸟给吓坏了。她想寻求治疗是因为丈夫有次邀她一起去伦敦，但一想到会被一群鸽子围住，她就心生恐惧。

我治疗过的病患除了上述几位，还包括数百名焦虑症患者。很多人都难以理解焦虑会带来多大的伤害。有些人还认为焦虑障碍"不过是紧张"罢了。这好比在说截瘫只是"行走困难"。严重焦虑实际上更加常见，正如你对他人隐瞒恐惧，而他人也藏住了自己的恐惧，因此很多人都认为只有自己受到焦虑的困扰。如果真是这样就好了。

就一生来看的话，约有30％的人患有符合官方诊断标准的焦虑障碍[2]，有些人焦虑程度较轻，但仍需帮助。例如，按照社交焦虑标准，只有约12％的人可确诊[3]，但这些标准都很武断。再例如，有接近50％的人都害怕公开演讲，但很多人都乐意接受帮助。

从蜘蛛和蛇到第一间焦虑诊所

第一次参与研究项目时，我还只是名医学生，负责抓捕蛇和蜘蛛，然后给它们抽血。20世纪70年代末出现了一种恐惧症的新疗法——"暴露疗法"（exposure therapy）。行为心理学的这一研究产物指出，患者如果在极度焦虑的状态下仍靠近蛇或蜘蛛，其恐惧症状可能会消失。受此启发，我的研究导师乔治·柯蒂斯（George Curtis）认为，这种无须做出伦理妥协的方法是发现焦虑对荷尔蒙影响程度的大好机会。

志愿参与我们研究项目的恐惧症患者，最初会兴奋不已，最后都感激不尽。不过，他们在项目期间会感到惊慌失措。每名患者需接受5个疗程，每个疗程持续3小时。为了研究分泌高峰期的压力荷尔蒙（stress hormones），治疗时间我们定在大多数人睡眠中点的3小时后开始，即上午6点左右。[4,5] 也就是说，我必须在前一天晚上到宠物店借好蛇、蜘蛛、小鼠或鸟。我女朋友虽然不喜欢留它们在家过夜，但还是忍了下来。宠物店也有所顾忌，不过出乎意料的是，自从第一次有通过此疗法治愈恐惧的患者到店里买狼蛛后，宠物店的人就变得很乐意提供这些小动物。而我的抽血技术也大有长进。

但这个项目还是引起了我们和患者的担忧。我的精神分析导师都解释道，之所以会产生恐惧，是因为力比多（libido）出于无意识防御而被从源头移走了。他们认为，行为治疗会引发新症状，正如乒乓球鼓起一块凹痕就会导致新凹痕一样。他们的看法让我不安，但这只发生过一次：一名患有多种恐惧症的男性患者，在其鸟类恐惧症得到改善之后，变得更加容易焦虑。还有几十名受恐惧症困扰数十年的患者，病情都迅速得到了缓解。

行为治疗过程很简单。有名女性患有鸟类恐惧症，于是我们在治疗间里放上关有鸽子的鸟笼，鼓励她尽可能靠近这只鸽子。该患者在门边的小鸟旁颤抖着哭了好几分钟后，就让我们把鸽子带走。我们成功了。随后我们问她，最后几分钟的焦虑是否和最开始的程度一样。"不一样，"她说，"从95降到了90。"我们还问她是想要通过更强的焦虑感，达到更快速的治愈效果，还是降低焦虑感，进行缓慢治愈。她选择了快速治疗。于是，我们舍去鸟笼，仅把鸽子带进房间，放在她面前，在她能接受的情况下，将鸽子朝她凑过去。

和接受"暴露疗法"的其他许多患者一样，她也表现出了巨大的勇气。当时，她的脉搏达到了130，出汗、发抖、惊吓到几乎说不出话，但她还是坚持向鸽子伸出了手。渐渐地，她的焦虑水平减少到80、70，再到50。这个时候，她突然语气轻松地说："奇怪，为什么这么久以来，我都没有做这样的尝试。"在这一疗程的最后，她把手放在那只现在和她焦虑水平相当的鸽子上。一个月后，她很自豪地说，自己与伦敦特拉法加广场（Trafalgar Square）的鸽子共度了一次愉快的午餐时光。看到这一疗法如此见效，我们都乐不可支。

暴露疗法会给治疗师和患者都带来强烈的感受。要想疗效好，尤其需要信心、循循善诱、同情心和耐心。最初我们会觉得，要求患者忍受如此强烈的焦虑，似乎施加了太大的压力，甚至残忍。但是，看到治疗迅速起效时，我们的信心随之大增，这也鼓舞了患者。很多人都觉得这种疗法和手术一样，忍受疼痛是值得的。

令我惊讶的不仅是暴露疗法的奇效，还有各种模式的改善。有时，焦虑感会在你猜测治疗是否正在扭转之前的情况时，逐渐消退。但同样，焦虑水平也常在紧张的疗程期间，突然暴跌。看着大蟒蛇的患者，会在一分钟内飙汗，极力克制不大喊大叫。但下一分钟却说："我不知道为什么一直都这么害怕蛇。它们其实还挺可爱。我的焦虑感降到40了。我现在可以抓它吗？"

还有更出乎意料的情况。一名恐蛇的女性患者正斗胆碰蛇的时候，突然脱口而出："噢，天哪，我想起为什么会害怕蛇了。"她说自己6岁时，父亲开车途中遇到一条蛇。他停下车来，用铲子把蛇刹碎装进罐里，然后让她把罐子捧在腿上。听到这里，我的心理治疗精神分析导师面露喜色，这个例子似乎证实了弗洛伊德理论，不过他们拒不相信该患者仅靠短短两小时的暴露疗法，而不是两年的心理治疗克服了自己的恐惧。

还有一回，我们听到治疗间传来尖叫声，一名处于控制疗程期间的女患者正在里面阅读杂志。她看到了一只小蠹虫，爬在我们那间卫生条件并不完善的实验室的墙上。心情平复后，她解释说，7岁时她便得知自己患了小儿麻痹症。从医生办公室的后门疾步走出后，她独自一人回到已经躺了好几个星期的病房。当时，她看到枕边墙上就爬着那些昆虫，吓得不敢动弹。

直接参与恐惧症的治疗，可以取得更深入的了解，这是仅靠与患者交谈所发现不了的。行为疗法比机械地消除某个条件反应要复杂得多，也更有趣。这种疗法帮助某些病患恢复了惊人的记忆，而且，患者的改善模式也存在巨大差别。

暴露疗法治疗效果好且见效快的消息一下子就传开了，开始有人致电咨询。求助之人的数量远超出我们所能提供的治疗。很多人都处于绝望之中。我们见过因担心课堂点名而无法高中毕业的学生，治疗过因害怕坐飞机而丢掉工作的公司副总裁。我还登门拜访过一名多年未离开小房车的女性患者。有电梯恐惧症的股票经纪人不得不提前出门上班，这样就有时间爬二十层楼到办公室。他虽然心肺耐力很好，但还是厌倦了爬楼梯，也不想再找些可以不坐电梯的借口搪塞客户。

我们的研究项目迅速拓展我们成为最早专门研究焦虑症的诊所之一。能够为很多无法在别处得到帮助的人提供缓解办法，这让人十分欣慰。但是，到底是什么造成这些障碍的？为什么会有这么多人害怕蛇和蜘蛛，却很少有人担心打喷嚏和不安全的性行为呢？一大堆难题逐渐受到关注。

焦虑究竟为什么会存在？

　　笼统的回答很明显：有焦虑能力的个体更有可能逃离当前险境，还能避免将来出现险情。与焦虑专家伊萨克·马克斯（Isaac Marks）进行数次深入交流后，我们发现焦虑障碍应分为两种 —— 焦虑过度和焦虑不足，其他防护反应也都一样。[6,7] 免疫反应过度会导致多种疾病，但免疫反应不足也可能致命。有大量文章讨论了焦虑造成的伤害，但几乎没有任何内容阐述焦虑的好处。我在巡回讲座中谈论焦虑症时，询问在场观众是否听过关于焦虑的好处的研究。很多人都觉得我在犯傻，不过最后有人建议我阅读新西兰研究者里奇·波尔顿（Richie Poulton）的一篇讨论恐高症的文章。

　　普遍的看法是，人在经历重摔后会产生对高度的恐惧。但这似乎只是凭直觉看出，却从未有人求证。波尔顿找来一群五到九岁且摔伤过的孩子，与没有受过类似伤害的孩子进行对比。[8] 年满18岁时，童年时期摔过的孩子中，有2%的人患严重恐高症，但没摔过的孩子中，竟有7%的人患严重恐高症。这与预测结果正好相反！如果把轻微和严重程度都包括在内的话，差异就更大了。这些18岁的受试者中，童年时期摔过的人，患恐高症的概率要低7倍。[9] 仔细想来，道理很简单：童年时期基本没有产生恐惧来防止跌落的孩子，到了18岁仍没有太多恐惧感。

　　我开始寻找其他的恐惧症病例。我们都知道，毫无畏惧的人通常都不会怕危险动物、社会批评、急速行车、吸毒和玩命特技。在加利福尼亚州的滑雪胜地，年轻的冒失鬼敢滑下（其实是跳下）其他人惧怕的斜坡（实际上是悬崖）。这些人（几乎都是男性）会因技巧和勇气而受到钦佩，尤其是被女性。但每年都有几个人送命。

让我记忆犹新的，是一名向我求助的专业摩托车赛车手。大赛前夕，他不仅会吐尽肚子里的东西，还会失眠。这样的情况出现在他朋友比赛身亡后不久。他说，每年都有两三名车手死于赛道或身受重伤。他也曾遭遇几次重创，所幸目前没有受到永久性伤害。他自称没有感到恐惧，但除了每次比赛前夕都会呕吐外，还出现心跳加速、出汗、气短和肌肉缩紧。他想找一种药，可以消除这些症状。作为接有很多广告代言的专业车手，他就指望这种药来保障收入了。我告诉他，这些焦虑对他起保护作用，他礼貌地听着。但当听到我说，服药来减轻焦虑会有危险时，他就生气地离开了。我现在不知道他是否还在世。

睡眠恐惧症会导致严重后果，也有可能致命，但对此未有充分了解，也极少得到治疗。睡眠恐惧症患者不会到焦虑诊所来，而是出现在实验性航空器、创意前沿领域、战场和政治运动的前线，又或者出现在监狱、医院、失业大军、破产法庭和太平间。制药公司没有为睡眠恐惧症提供治疗的迫切想法，但有些药物或许有帮助。其中一种药，甚至能被不少人接受——育亨宾（yohimbine），据报道称，这种药会使人产生强烈的性高潮。为睡眠恐惧症患者开设一个诊所，可以改善健康状况、预防伤害，但似乎不是个好的商业计划。

我越来越想切实了解焦虑的存在原因，于是就发现了更多关联。我的患者所描述的惊恐发作，似乎与"战或逃反应"（fight-or-flight response）基本相同。1939年，伟大的生理学家怀特·坎农（Walter

Cannon）在其开创性著作《身体的智慧》（*The Wisdom of the Body*）[10]中首次提出这一现象。他注意到，在性命攸关的时刻，心跳急速、呼吸短促、出汗、动弹不得和逃跑都是有用的反应。这些都是我在病患身上可以观察得到的。但这真的是同一回事吗？

　　某天傍晚，在诊所待了整整一天的我开车回到家，正驶入停车道时，我看到有只兔子一动不动地定在车头灯前。它引起了我的思考。我从未听过有恐慌情绪的患者描述动弹不得的感觉，但我也从未问过他们。于是第二天，我问了。第一个患者说："哦，对啊，我有时会动弹不得，不知道自己还能不能活动。"接下来好几周，我问遍所有恐慌症患者；约有一半人说，会因惊恐发作一时感到身体僵硬。通过演化的视角，我观察到了几年前就应了解的情况。

焦虑经常会过度吗？

　　烟雾探测器原理解释了为什么会有很多毫无用处的焦虑。如第3章所述，调节防护反应（如呕吐和疼痛）的机制会在益处大于成本时开启，即使是误报。与避免危险的益处相比，这些反应的成本较低。因此，不管危险会不会出现，低成本的反应都可防止更大危害发生。这就是我们容忍烟雾探测器误报的原因，也是为什么我们服用止吐药或止疼药是安全的。这也解释了为什么无用的焦虑如此普遍。

　　烟雾探测器原理基于信号检测理论，由电气工程师来决定电话线上的咔嗒声是真正的信号还是单纯的噪声。[11]能否做出正确决定，取决于信号与噪声的比率、误报的成本，以及危险实际存在时警报的益处。在汽车被盗司空见惯的城市，尽管可能误报，但仍值得配备灵敏的汽车防盗系统，但在安全的地方，这就变成了麻烦。

惊恐障碍由应急响应系统的误报引起。性命攸关时，这个经受磨炼的系统可以快速触发逃离。设想你身处古老的非洲大草原，非常口渴，而水坑就在你跟前，但你听到了草丛有动静传来。那可能是只狮子或猴子。你应该逃走吗？这取决于逃跑成本。假设恐慌逃离需消耗100卡路里（1卡＝4.18焦耳），如果只是猴子，不会有逃跑成本，但如果是狮子，那成本就是10万卡路里 —— 大约是狮子把你当成午餐所获的能量！

动静稍大的话，可能是狮子。但要多大声，你才应该逃走呢？算一算。如果是狮子的话，不逃的成本比惊慌失逃的成本高1000倍，所以最佳策略是，无论何时传来大到能证明是狮子的声音，只要可能性大于千分之一，必须撒腿就跑。也就是说，一千次逃跑中，有999次是没必要的。但1000次中，只要逃跑一次，就能救你一命。

意识到个别的惊慌发作在通常情况下都是正常但毫无用处的，有助于我和患者更好地认清问题。这个想法并不新奇。哲学家布莱士·帕斯卡（Blaise Pascal）就以类似的逻辑来论证相信上帝是理性的；因为信上帝的成本很低，但不信的话，可能永世都会受困于地狱火湖。[12]为帕斯卡的见解添加点数学和演化理论，不仅能帮助解释为什么无用的情感痛苦会如此常见，还有助于医生做出正确决定，以确定何时安全用药来制止正常反应，如疼痛、发热、咳嗽和焦虑等个体通常不需要的反应。[13,14,15]

恐惧症

怕蛇和蜘蛛很常见，怕大桥、高处、电梯和飞机也很常见，怕在公共场合讲话就更常见了。广场恐惧症的特点是怕离开家，怕去到开阔的地方。但我们从未遇到过有患者抱怨过度恐惧书、树木、花朵、蝴蝶，也很少看到有人惧怕大多危险物品，如刀具、电线、药瓶、化学品、摩托车。为什么？这是一个演化的问题。

伊萨克·马克斯和我用了一个夏天来研究这个问题，试图弄清不同的焦虑障碍是否与不同类型的危险情境相对应。如下表所示，确实是对应的。[16]

焦虑障碍	情景 / 危险
害怕小动物	可能会被动物伤害
恐高	摔伤
惊恐发作	被肉食动物或人类攻击
广场恐惧症	被肉食动物或人类攻击
社交焦虑	失去社会地位
疑病症	疾病
害怕没有吸引力	社会排斥
晕针	受伤 / 流血

有几种恐惧是固有的自动反应[17]，但最常见的恐惧并非与生俱来。例如，对蛇的恐惧并非天生的，但正如20世纪70年代心理学家苏珊·米内卡（Susan Mineka）及其同事的有趣实验所示，预置好的大脑能快速学会怕蛇。在实验室里养育的小猴子能开开心心地玩玩具

蛇。但它看了另一只猴子见到玩具蛇就惊恐闪退的视频后，会出现持久的恐惧；而看见另一只猴子明显是因怕花才退缩时，并未产生类似的恐惧症状。[18] 相比之下，某些信号更易于让大脑学会恐惧。

这是最有用的社会学习。自然选择塑造的系统会利用来自其他个体的信息，而不仅仅会回应少数固定信号。这类恐惧会世代相传。例如，通过向乌鸦展示篡改后的视频，来训练它们害怕无害的吸蜜鸟。这些乌鸦会把这种无用的恐惧依次传给6只乌鸦。[19] 害怕蜘蛛和蛇或不敢使用公共厕所的父母，也会将这种恐惧传给他们的孩子。

我们会学会害怕新的危险物品，如电源插座、毒品和刀具，但这种学习速度很慢，因为这些物品与恐惧之间没有预设关系。危险驾车酿成惨剧就是非常有说服力的例子。驾车是年轻人做过最冒险的事情，也是造成死亡和灾难性永久伤害的罪魁祸首。2014年，15~24岁人口死亡人数中，近四分之一是因机动车事故致死。[20] 全球每天约有三千人死于此类事故[21]，因此，驾驶员的教育课程着重强调高速驾驶和酒驾的风险。

恐慌障碍

惊恐发作经常突然出现。首先可能会发生在看书、看电视、候机时候。毫无预警，心脏开始剧烈跳动、肌肉紧张，患者感到呼吸困难、有种厄运即将到来的感觉、胸闷以及极其想离开的冲动。大多数人认为他们是患有心脏病或中风，就赶紧去了急诊室，在那里接受了各种各样的检查。太多健康的年轻人因为医生没有意识到是惊恐障碍，因而被确诊为冠状动脉粥样硬化。

　　我们的许多患者都说，在急诊室被告知"我们找不到任何特定的心脏问题，但你应该非常小心，如果情况恶化，立即回来"。这样的建议恰恰把普通焦虑症转化为衰弱性惊恐障碍。患者开始监测相同类型的情况可能再次发生的迹象。很快，无论是因为修草坪还是争吵，心率都会提高，人会感到气短。这些症状引起对发病的恐惧，导致更高的心率和更频繁的呼吸短促，从而使轻度焦虑成为全面的惊恐发作。

　　一些研究将惊恐发作归因于压力调节机制出现缺陷。从一个叫做下丘脑的大脑中心快速释放促肾上腺皮质激素（CRH），会引起几乎与恐慌经历相匹配的生理唤醒。[22]CRH激发蓝斑中的细胞，蓝斑以其位于大脑下半部分的一个蓝色斑点而得名。它有80%含去甲肾上腺素的神经元。[23]电刺激蓝斑引起的症状，与典型的恐慌发作有关。一些研究人员怀疑惊恐发作有时候可能是由CRH或蓝斑的异常引起的。但通常蓝斑是由大脑中更高位置的信号激活。

　　一般人都拥有恐慌发作的能力。问卷调查研究发现，大多数成年人都可以回想起经历恐慌情绪的事件。惊恐发作引起一系列相同症状，包括出汗、脉搏快、呼吸短促、肌肉紧张、管窥、听力敏锐、晕厥恐惧以及极其想逃离的冲动。如前所述，沃尔特·坎农认识到这些反应在面对危险时的实用性。对于我们的祖先来说，这通常在遇见捕食者或敌人时出现。所有这些看起来都很抽象，但想象一下你跪在池边为家人取水，发现岸边远处蹲伏着一头狮子。我们的祖先并非都是一样的。有些人畏惧狮子的力量，或根本没有反应。他们成了狮子的午餐。另外一些人则放下一切，逃到最近的树上。他们活了下来，其基因留存在我们身上。

我上门拜访了一名多年没有离开房车的女性患者。即便她只把一只脚跨在门口的楼梯上，也会引起恐惧。她花了几个月时间，服用药物，在亲戚的帮助下，终于能够再次出门。像她这样患有广场恐惧症的人，离开家时会经历强烈的恐惧。他们还害怕广阔的空间和被围起来的地方。这样的恐惧有点矛盾。如果害怕宽敞的空间，为什么还要害怕封闭的地方呢？

大多数广场恐惧症是惊恐发作的并发症，而且广场恐惧症患者在离开家时，经常会出现恐慌症状。他们外出时，会待在离家很近的地方，只跟信得过的朋友相处。已有各种各样的解释说明广场恐惧症与恐慌症之间的联系。神经科学家已经研究了可能影响两者的大脑区域。弗洛伊德深信，害怕出现在街头，是害怕无意识的性冲动变成街头流莺的结果。这并不像现在看起来那么愚蠢。他的大多数患者确实希望有更多更好的性生活，而街上独自一人的女性确实会遇到性机会。但对于广场恐惧症与惊恐发作的联系有个更容易的解释。

想象一下，你是昨天勉强逃过狮口的狩猎采集者。今天聪明的做法是什么？可以的话，留在营地。如果你必须出去，不要走远，不要一个人去。避免宽敞的空间和封闭的空间，在那里你特别容易受到捕食者的攻击。如果出现任何危险迹象，尽快逃回家和安全的地方。正如行为生态学家史蒂芬·林姆（Steven Lim）和劳伦斯·迪尔（Lawrence Dill）所说："很少有失败……像没能逃过肉食动物那样不可原谅；被杀害会大大降低后代的适应度。"[24]

大多数惊恐障碍患者从未遇到过狮子或其他特别危险的情况。他们的症状发作在其他有用系统中是误报。这些误报激发了更多的监控，引起更多的唤醒和更高的系统敏感性，形成恶性循环，更有可能进一步发作。

我多年来都向恐慌患者解释，他们并没有心脏病或癫痫，他们经历的是惊恐发作，需要精神病治疗，而不是更多的医学评估。很多人都礼貌性地听完，然后说："但医生，这不是精神上的，而是身体上的。每次发作时，我都会感到心跳加速、呼吸急促。你有认识的心脏病专家吗？"

我对演化的新理解改变了我的方法。[25]我开始告诉患者，恐慌的症状对于逃避危及生命的危险是有用的，而惊恐发作只是误报，就像吐司燃烧时烟雾探测器的尖叫声一样。听到我这话后，大约四分之一的患者说了一句："谢谢，博士，这也说得通。我想了解的就这么多。如果有更多需要，我再给你打电话。"

其余的患者则需要进一步治疗。行为疗法适用于大多数恐慌症患者，但药物治疗也有效。持续服用几周的抗抑郁药，可以阻止大多数患者的惊恐发作。然而，许多人还会持续"迷你发作"，他们能感觉到快要发作，但就像一个打不出的喷嚏，不会一下子完全消失。有些患者担心，药物"只是掩盖了我的症状，一停药就会复发"。他们关心为什么复发不常见，身体根据环境的危险程度，来调整焦虑系统的敏感度。几个月没有出现惊恐发作使得系统不那么敏感，因此即便停药后，将来复发的可能性也不大。

创伤后应激障碍

在鬼门关走过一遭的人，通常不可能再过上正常的生活。大多数居住环境安全、从未亲历战争的人，甚至想象不到目睹朋友被炸成碎片有多恐怖。有些患者的经历，光听完就会受到很大冲击。例如，一名男子挣扎着从火光四射的车里爬出来，车子后来爆炸了，里面坐着他的朋友；一名妇女，被绑架、强奸、刺伤、抛尸；一个女人独自在洗衣店上班时，手臂被夹在滚烫的熨裤器里长达15分钟。

这种与死神的亲密接触，会给很多人造成永久性的改变。受创经历会不断出现在他们的梦魇中，或闪现在脑海里。有些人时时刻刻都会被恐惧感淹没。一点点关联事物——遥远的一架直升机、用力关门、被陌生人靠近——都会引发逼真的强烈恐惧。为躲避触景生情带来的恐惧，有些人选择住在地下室、搬到农村地区或者避免外出。还有人会变得麻木，仿佛所有情绪都消失了，除了突然愤怒或恐慌。

研究人员试图识别出让某些人更脆弱的个体差异。密歇根州立大学心理学家内奥米·布雷斯劳（Naomi Breslau）及其合作者以底特律一家健康维护组织的1007名成员作为研究受试者。[26,27] 结果显示，其中39%的人经历过创伤事件，24%的人患有创伤后应激障碍。那些受创后患有创伤后应激障碍的人，早期与父母分离、有家族焦虑史或预先存在焦虑或抑郁。

　　接下来，研究人员又做出令人瞩目的举动：3年后，再次以同一批受试者作为研究对象。这3年期间，有19％的人经历过一次新的创伤事件，其中11％的人患有创伤后应激障碍。以往的创伤经历最能有效预测是否患上创伤后应激障碍，而创伤事件更有可能发生在曾受沉重打击的人身上。有神经质和外向型的人更易受打击，因此，最易受不良情绪影响的人，也最有可能遭受创伤。[28] 布雷斯劳及其同事还回顾了除此之外的大量研究，目的是为了找出谁最容易在受创后患上创伤后应激障碍。结果表明，最主要的因素是缺乏社会支持，其次是在童年时遭受忽视或创伤。[29]

　　创伤后难以磨灭的变化是自有妙用，还是系统出故障了？我并不认为创伤后应激障碍总体而言是有益的适应变化。但要是按照烟雾探测器原则，远谈不上是危及生命的情境如何在正常情况下触发极端的防御反应，就不言而喻了。经历过命悬一线后，唤醒阈值普遍降低。虽然代价很大，但或许真划得来。一触即发的惊吓反应有时能派上用场，即便信号表示攸关性命的概率只有千分之一，极度恐惧有时也大有益处。患有创伤后应激障碍的人心知肚明，自己现在没有身处战场，但他们的身体和大脑的反应却像亲临战场。澳大利亚研究人员克里斯·康托（Chris Cantor）也著书论述了，这种异乎寻常的超敏反应究竟只是一种异常现象，还是一种为极端误报付出惨痛代价的有益适应。不过，这很难得出确切结论。[30]

广泛性焦虑症

　　广泛性焦虑症与你所了解的创伤后应激障碍相差无几，此外还会出现焦虑障碍。广泛性焦虑症的症状与特定事件或危险并非紧密相关，而是包括多种担忧和焦虑的身体症状。"忧虑"听起来并不严重，但与患有广泛性焦虑症的人深入交流后，便会有所改观。我会通过"忧虑在你的精神生活中占有多大比例"这一问题来评估其严重程度。很多患者的答案都是"超过百分之九十，我有操不完的心"。

广泛性焦虑症的典型患者会担心金钱、风暴、健康、儿童以及就业和婚姻保障。他们会把多数人不加理会的事情，看作燃眉之急。"我才 62 岁，如果公司倒闭、没了保险，那我在获准拿到联邦医疗保险（Medicare）前生病的话，该怎么办？""如果我女儿在后院玩的时候，刚好有只鹿跨过篱笆闯进来，被它身上携带的壁虱咬了，得了莱姆病（Lyme disease），而我又没注意到她起红疹，那该怎么办？"他们会脑洞大开想出一连串"如果"式潜在灾难，还会出现一些身体症状，尤其是肌肉紧张、疲劳、颤抖、出汗和肠道不适。这些症状本身就很值得担忧。

广泛性焦虑症患者的危险监测系统有可能随时开启。他们常会胡思乱想，如本应为女儿参加毕业舞会而感到高兴和骄傲，却变成担心她会发生事故或被搞大肚子；另一半到家晚了不过几分钟，他们要么担心出事故，要么怀疑是心脏病发作，反正就是不能放松。

最近一项饶有趣味的发现是，广泛性焦虑症与抑郁症的遗传倾向存在大量相似之处。[31]形成这一现象的特定等位基因尚未发现，但广泛性焦虑症和抑郁症患者的亲属患这两种病症的风险都会增加。这两种障碍都反映了处于逆境的谨慎状态。由于系统演化会提高对不利情况的反应速度，从而造成恶性循环，因此这两种障碍都有可能出现恶化。[32]

还有很多精神问题也可视作过度防护反应。比如，饮食失调源于对肥胖的绝望恐惧，病态嫉妒源于对伴侣离开或不忠的恐惧，妄想症源于担心被其他人密谋陷害。为防护消耗适当精力不失为明智之举，虽然要考虑到烟雾探测器原理，但我们大多数人还是属于过度防护。

我们应该采取哪些不同做法呢？

了解焦虑的演化起源和功能，并不代表这就是特殊的演化治疗方法。不过，它还是可以改变治疗方式。早年行医期间，我对焦虑患者心怀同情之感。不管我多么注意措辞，都会让很多患者觉得自己软弱无能或残缺不全。后来，当我开始转为强调焦虑是种常会走极端的有益反应时，他们都感觉正常了，又相信自己有能力了。

女性患焦虑症的概率是男性的两倍。许多解释都是基于荷尔蒙分泌、大脑机制和社会力量来提出，这些方面都暗示女性存在某些问题。但是，演化的观点颠覆了以上的分析结果：一般而言，女性对自己安危的忧虑都在合理范围内；而男性的忧虑程度则以最大限度传播其基因为主，这会给他们的健康带来巨大风险。

惊恐障碍、广泛性焦虑症和社交焦虑症本质上相同还是不同，这样的争论多说无益；三者同属焦虑亚型，都分别与祖先应对不同危险情境的状态有所差异。焦虑亚型相互关联之所以说得通，是考虑它们有共同的演化起源，而不是找到了为何有些人会患多种焦虑障碍的原因。演化的观点不会认为焦虑总会过度，而是提醒关注烟雾探测器原理，以及加强研究睡眠恐惧症（hypophobia）。

演化的观点还鼓励抛开"焦虑症主要是身体层面，还是心理层面"的抽象辩论，将注意力转向对引起个体焦虑的所有可能原因的个性化评估。有些患者受困终生的问题与其亲属的相似。有些患者无家族病史、无焦虑问题，直到某些生活事件发生才出现某种障碍。演化的角度还能帮助临床医生和患者放弃被误导的观念，即治疗选择应以病因为导向的信念。主要由遗传或生理原因引起的问题，通常对心理治疗也有良好反应。针对生活情境引发的问题，药物治疗通常都会见效。

演化的观点也阐明了治疗方法的运作方式。抗焦虑药物治愈不了神经递质不足，反而会扰乱焦虑系统，就像阿司匹林会破坏发热和疼痛系统一样。行为疗法也可改变大脑，依靠机制演化，可根据环境危险程度改变而调整焦虑反应。这些机制不只是扭转状态。相反，暴露疗法会产生从额叶发出的新的抑制性冲动，降低并防止焦虑信号进入意识。[33]这就是为什么压力会唤醒以前的无关恐惧。巴甫洛夫通过训练让狗变得害怕声音，又通过训练让它们消除这一恐惧。但笼里的狗差点儿被大水淹没后，很多都会再次感到恐惧。[34]

积极的反馈螺旋使焦虑升级恶化。多次暴露于危险之中表明，焦虑系统没有提供足够保护，因此系统调整变得更加敏感。这构成了积极反馈的风险。纽卡斯尔大学的生物学家丹尼尔·列托（Daniel Nettle）和梅丽莎·贝特森（Melissa Bateson）提出了一种特殊版本的烟雾探测器原理,该原理描述了这种调节反应的能力。[35]如前所述,这种自我调节系统容易失调。对恐慌症状的监测,使得轻微的生理变化更有可能恶化为全面的惊恐发作。

无所畏惧的人常常受到钦佩,但他们面临的挑战,相比很多患者在与人交谈、去看牙医、飞机出行、离开房子或来进行焦虑治疗的过程中表现出的坚毅决心,就是大巫见小巫了。从演化的角度了解治疗,能帮助他们更快减轻痛苦。同时,患有焦虑症的人也值得褒奖,因为尽管遭受种种症状,他们还是鼓起勇气,坚持每天过上充实的生活。

第 6 章
低落情绪以及放弃的艺术

任何形式的疼痛或痛苦，如果持续很长时间，都会造成抑郁、减弱行动力；但很适合帮助生物做好自我防御，抵抗任何重大或突发灾难。[1]

—— 查尔斯·达尔文，《物种起源》，1887

如果开始没有成功，你要不断尝试。再不行就放弃。没必要像个傻瓜那样坚持。

—— 出自 W·C·菲尔兹（W. C. Fields）

一名中度抑郁的年轻男性患者到我们诊所寻求治疗。他对大多数事情都提不起劲、睡眠不佳、体重下降，认为自己很失败，对未来毫无希望，还说自己在社区大学的成绩变差是因为睡眠不好和抑郁的情绪。他父亲是砌砖工，母亲是教师，家族无抑郁症史，无吸毒、酗酒或其他身体状况问题。他很快就被诊断为患有抑郁症，我们开始对他采取抗抑郁和认知行为治疗。

一个月后，该患者的精神病学住院医师表示，他的情况并没有任何改善，请我再次会诊。他说自己快被学校开除了，真这样的话，女友就会跟他分手。我问起他女友，他说很漂亮、很聪明，自己会尽力挽留她。他女友还在读高中，但很快就毕业了。我问他女友未来有什么打算，他说："她要去东部的瓦萨学院，可能你听过这所学校。""嗯，听说过。"

　　真是进退两难！他讨厌上学，但为了女友不得不继续留校。可是，他肯定心知肚明，女友一旦离家进入那所享誉盛名的大学，他们就没法儿维持恋爱关系了。我问他："你觉得她搬到东部的话，事情会怎么发展？"他说自己也考虑过这个问题，虽然可能很难，但因为爱，所以保证会维护好这种关系。我说，异地恋有时候很难维持。他郁郁寡欢地说，总觉得自己不太能融入她的圈子，但他们都彼此相爱。面谈快结束时，我问他有没有谈过恋爱，或考虑与其他女性交往。他都说没有。

　　几个月后，他的住院医师又让我见他。这次，他改头换面了，从忧郁、懒散、迟钝、说话轻声细语、衣冠不整、垂头丧气，变成了充满热情、打扮整洁。他直视我，认为自己不需要继续治疗了。我们检查他的症状，大部分都消失了。我问他是怎么做出改变的，他说："也许是药物起效了。"然而，他早在几周前就停止了药物治疗。我又问："学校怎么样？""现在没问题。不过，我决定和我爸一起工作。""你女朋友怎么样？""很好，"他说，"我们很开心，非常好。"当时是夏季，所以我再问："她9月还要去瓦萨吗？"他恍然大悟："哦，你说的是之前那个女朋友啊！她太高傲了。新女友和我兴趣相投，她是个很棒的女生。"

遗漏的问题

情绪障碍可能是人类面临的最紧迫和令人沮丧的医学问题。比起其他任何疾病，抑郁对生活造成的障碍持续时间更久。[2] 自杀是死亡的主要原因，美国的自杀率从1999年到2014年增加了24%。[3] 虽然心脏病和癌症的预防和治疗越来越有效，但是抑郁症和自杀仍保持不变，甚至有所增加，尽管对此的深入研究和治疗已经开展了数十年。大多数研究都是正面探讨抑郁症，下定义、诊断、试图找到病因和治疗方法。但是，抑郁症诊断标准《精神疾病诊断与统计手册》的修订过程，揭示了在一个基本问题上的深刻分歧——病理性抑郁症如何区别于普通的情绪低落？

杰瑞·韦克菲尔德（Jerry Wakefield）及其同事提出了这个问题后建议，抑郁症的确诊参考，不仅应排除第五版DSM中规定的"失去至亲后抑郁持续两个月"，还应排除在其他同样重大打击后出现的抑郁情况。如第3章所述，第五版DSM的作者不但均未采纳这一建议，就连丧亲之痛也考虑在内。[4] 因此，出现5种以上抑郁症状超过两周时间的人，现在都可被诊断为患有严重抑郁症，即便他/她是在儿子或女儿发生致命车祸后才被送入重症监护室之时。大多数人似乎都觉得这很荒谬。各大报刊也发表了慷慨激昂的社论，博客圈同时涌现出各种观点。为了解决这个问题，科学家研究了抑郁、悲伤和遭到其他损失时的反应，找出三者异同之处。然而，这些研究都没能平息争议。一些人强调，未能识别和治疗丧亲之人的严重抑郁症会有危险。另一些人则认为，将普通的悲伤情绪医疗化和过度治疗也会带来危险。这两种立场之间的巨大鸿沟源于认知差异。

人们普遍认为，痛失后的一段时间内出现抑郁症状是正常的，而抑郁症状明显过度是异常的。但是，如何区分正常的低落和异常的抑郁，对此的激烈争论经久不息。但凡有如此多博学多识之人持反对意见，通常意味着有考虑不周之处。关于抑郁症的争论，缺少对正常情绪低落的起源、功能和调节的了解。

试图理解病理性抑郁，但却没有认识到正常情绪低落的演化起源和效用，就好比试图了解慢性疼痛，但不了解正常疼痛的原因和效用。疼痛是有用的：身体疼痛可以防止组织损伤，使生物体逃离破坏组织的情况，避免将来再次发生；精神痛苦可阻止对社会造成损害或浪费精力的行为。即便有用，精神和身体的剧烈疼痛都同样令人难以忍受。但这两类疼痛不起作用时，也容易表现过度，从而导致慢性疼痛和病理性抑郁。

判断抑郁症状是否正常，这一挑战类似于判断身体疼痛是源于组织病理学，还是异常的疼痛系统。显然，摔断腿或肿瘤压迫脊髓所致的疼痛是正常的。不过，找不到具体原因的话，医生会认为可能是疼痛系统异常。作为会诊精神科医生的我，要为许多内科和外科患者解决这个问题。

身体疼痛的判断很困难，但找到肿瘤或炎症来源就可以解决问题。至于精神苦痛，面临的挑战就大得多，因为这源于一个人内心世界的动机结构。生活的特定事件，例如丧亲，是我们能够找到的、与外科医生能发现的那类疼痛起因最接近的事件。但当下的生活状况也会导致情绪低落和抑郁。

情绪低落何时为正常，何时为异常？情绪机制的知识都无法回答。解答需要了解情绪的起源及其适应性意义，了解正常情绪变化的能力是如何提供选择性优势，高涨和低落情绪在哪些情境下有用，以及情绪是如何调节的。此外，还需要认识到，许多情绪变化虽然正常，但毫无用处。要了解情绪障碍、解释情绪调节机制为何如此容易出错，都很有必要具备这些知识。可是，这些基础知识却严重缺乏。

一些定义

由于描述心情状态的词语使用方式不尽相同，因此出现了很多乱象。心情（mood）通常指的是类似于气候的长期普遍状态，而情感（affect）则更像天气的当前情绪状态表达。然而，心情、情感和情绪（emotion）之间没有明显界限，情绪障碍（mood disorders）和情感障碍（affective disorders）这两个术语可以互换。在此，我使用"心情"一词来指代从抑郁、情绪低落、情绪高涨到躁狂的这个维度。"抑郁"（depression）这个词如今与病理学的关系密切，以至于我会用"心情低落"（low mood）来描述轻度抑郁症的症状，没有任何病理或常态意义。

高涨情绪是一种热情活力和乐观活跃的愉快状态，通常与活跃可能取得巨大回报的情境有关。它与快乐、欲望得到满足的短时快乐和幸福感密切相关，如果大多数欲望都得到满足，那么这种持久状态就可以保持下去。相反，低落情绪是一种痛苦的状态，其特点是士气低落、精力不集中、悲观、逃避风险，以及由某些情境所造成的社交退缩，特别是在未能实现目标的情况下。悲伤（grief）可能与情绪低落非常相似，但悲伤是由特定损失造成的，通常不包括表现为情绪低落和抑郁的普遍缺乏动力。悲伤是由丧亲或其他重大损失引起的一种特殊的伤心。有很多鸿篇巨制都区分了这类情绪和其他心情状态，但由于情绪是演化的产物，并非设计得出，因此它们交错重叠，无法准确描述。

低落情绪	高涨情绪
悲观主义	乐观主义
逃避风险	承担风险
抑制	主动
低能量	高能量
社交退缩	社交参与
安静	善言
思考迟钝	思考快速
缺乏想象力	有创意
屈从的	支配的
无自信	有自信
低自尊	高自尊
分析性思维	主观性思维
期待批评	期待赞美

低落情绪怎能有用？

人们总以为，特定事物肯定有特定功能，因此，对抑郁症的困惑也随之而来。我们制成的东西都有特定功能，如长矛和篮子。某些身体部位也是如此，如眼睛和拇指。因此，似乎自然会有人问："低落情绪的作用是什么？"然而，谈到情绪，这就是个错误的问题。应该问的是："低落情绪和高涨情绪在什么情境下会产生选择性优势？"然而，大多数关于情绪效用的想法，都被框在"可能有什么作用"之内，所以我们必须从这点说起。

有一种可能是，就连普通的情绪变化也毫无用处，可能只源于小故障，就像没用的癫痫性发作或震颤那样。但是，有充分理由说明这种想法不对。身体缺陷引起的综合征只发生在部分人身上（如癫痫或震颤），可是几乎人人都有情绪的能力，都有能根据情境提高或降低情绪的系统。这种调节系统只为有所用处的反应而塑造。疼痛、发热、呕吐、焦虑和情绪低落会在需要时开启。这不代表每次都会有用，出现误报也很正常，但确实说明了，需要从用处发挥的方式和时间来理解这类系统。

伦敦精神分析学家约翰·鲍比（John Bowlby）是最先提出低落情绪具有演化功能的人之一。多亏了德国动物行为学家康拉德·劳伦兹（Konrad Lorenz）和英国生物学家罗伯特·辛德（Robert Hinde）的交谈，鲍比才以演化的视角观察婴儿与母亲分开时的行为。[5]短暂分开后，有些婴儿能迅速与母亲重获联系，有些则表现出疏离，还有少数会生气。而较长时间的分离则会有序产生一连串的反应——最初号啕大哭不愿意，然后沉默着左摇右摆，蜷缩成团，这任谁看着都像是处于绝望状态的成年人。[6,7]

鲍比观察到，哭声会促使母亲找回婴儿。他还注意到，长时间的哭泣不仅浪费能量，还会引来掠食者，所以，如果母亲不能赶快回来，婴儿默默收声会更好。这些观点发展成为"依恋理论"（attachment theory）[8]，为理解母婴关系以及问题出现时产生的病理情况提供了理论基础。鲍比称得上是演化精神病学的创始人，因为他认识到，之所以会演化出依恋，是因为它能同时提高母婴的适应度。

近几十年来，更明确的演化分析对"只有安全型依恋是正常的"这一观点发起了挑战。某些情境下，采用逃避型或焦虑型依恋的婴儿都可能促使母亲提供更多照顾。[9,10,11]如果常用的微笑和咿咿呀呀不起作用，婴儿会在母亲离开时不停地哭闹，或在母亲回来时不理不睬。

罗切斯特大学的精神病学家乔治·恩格尔（George Engel）发明了"生物心理社会模式"（biopsychosocial model）这一术语，并提出与依恋有关的抑郁具备一种功能。他表明，一只迷路的小猴子会安静地待在某个地方，以保存能量，避免引来捕食者。恩格尔称此为"保存–退缩（conservation-withdrawal）"反应，并指出它与抑郁症存在相似性，还强调了抑郁与冬眠的相似性。[12,13]

伦敦精神病学研究所创始人奥布里·路易斯（Aubrey Lewis）认为，抑郁可能是种求助信号。[14]斯坦福大学精神病学系原系主任戴维·汉堡（David Hamburg）进一步延展了这一想法。[15]有演化心理学家认为，这是种愤世嫉俗的歪曲想法，暗示抑郁症状（尤其是自杀威胁）是操纵他人提供帮助的计谋。爱德华·哈根（Edward Hagen）认为，产后抑郁症是特殊的适应方式，目的是勒索亲属提供帮助。[16,17]他将该症症状视为弃婴的消极威胁，同时还找到了支持这种观点的证据，即在丈夫不支持、资源稀缺或宝宝需要额外照顾的情况下，患产后抑郁症的可能性更大。抑郁和自杀威胁当然是操纵行为。

然而几乎没有证据表明，抑郁症是大多数母亲在这类情况下的必然反应，也不能清楚证明，抑郁程度更高的母亲可以从怎么都帮不上忙的亲戚那里，获得更多帮助。此外，这一观点与心理学家詹姆斯·科因（James Coyne）以往的研究不符，该研究表示，母亲抑郁只不过是想引起亲戚的关心和帮助，在这之后，她们会倾向于走出这种状态。[18]

加拿大心理学家丹尼斯·德卡坦扎罗（Denys deCatanzaro）提出了更加令人不安的观点——自杀可以使个体的基因受益。[19]处于恶劣环境中的个体，如果未来几乎没有机会繁殖，那么自杀可以节省食物和资源，供亲属用来生养后代，而这些后代会将这一个体的基因传递下去。这是自然选择塑造一种让个体基因受益的性状的极端例证。想法虽具创意，但几乎可以肯定是错的。因为即便处于恶劣环境，自杀也绝非常规做法。就算是无法繁殖的患病老人，也常渴望长寿。再者，为什么还要自杀那么麻烦呢？为什么不干脆冲出马路或绝食就好？

英国精神病学家约翰·普莱斯（John Price）密切观察小鸡后，发现了抑郁症状的一个重要功能。[20]打败仗后进食排位下跌的小鸡，会出现社交退缩并表现温顺，以此免遭等级较高的小鸡攻击。普莱斯也研究了长尾黑颚猴中的类似现象。[21]它们生活在雄雌共存的小群体中。基本得到所有交配机会、居统治地位的雄性猴，在败给另一个雄性猴之前，睾丸会一直呈亮蓝色。而失败后的它，会蜷缩成团、摇摆退缩、表现沮丧，睾丸也会变成暗灰色。普莱斯将这些变化解释为"非自愿投降"（involuntary yielding）的信号。[22,23]失败者通过表明自己不会造成威胁，从而逃脱新任雄性统治者的攻击。投降或发出投降信号，总比被攻击要好。

普莱斯与精神病学家里昂·斯洛曼（Leon Sloman）和罗素·加德纳（Russell Gardner）携手将这些想法应用于临床。[24]他们观察到，许多抑郁的发作是源于接受不了在地位争夺中的失败。他们还认为，低落情绪是竞争失败后的正常反应，继续进行无用的地位争夺会导致抑郁，这种情境被贴切描述为"无法屈服"（failure to yield）。其他研究人员，特别是英国心理学家保罗·吉尔伯特（Paul Gilbert）及其同事，进一步延展了这些想法。[25]他们将各种产生压力的生活事件看作地位丢失，并且还观察到，许多患者在放弃无法取胜的地位竞争时便会康复。

人类学家约翰·哈顿（John Hartung）提出了这一观点的变体，还起了个很有吸引力的正式名称——"蒙骗"（deceiving down）。他指出，屈从于能力较弱的人会陷入非常危险的处境。表现自己能力的自然倾向会被视为威胁，可能因此遭到攻击，甚至被驱逐出该群体。那怎么办？只有蒙骗，也就是说，故意隐瞒你的能力。[26]这样做最好就是，说服自己其实你并非那么有价值、有能力，这种模式类似于被弗洛伊德归因于阉割焦虑（castration anxiety）的神经质抑制和自我破坏。

英国流行病学家乔治·布朗（George Brown）和蒂里尔·哈里斯（Tirril Harris）收集到了大量数据，进一步支持了地位丢失与抑郁之间的联系。[27]他们对伦敦北部女性进行了详细研究，结果发现，80%出现抑郁的女性最近经历过她们谨慎定义的"严重"生活事故。在所有经历过严重生活事故的女性中，只有22%患有抑郁症；但是，在没有经历过严重生活事故的女性中，这一比例只有1%。在经历过严重生活事件的女性中，78％的女性次年并未患上抑郁症，引起了对"恢复力"的新研究。[28]这项细致的研究很好地证明了生活事件会导致抑郁症。大量出现的新研究证实并拓展了生活事件在抑郁症中所起的作用。[29,30,31,32,33,34,35,36,37]

有些事件相对更容易引发抑郁症。在布朗和哈里斯的研究中，抑郁事件的发生有75％以"羞辱或诱骗"为特征，仅有20％为损失事件，5％为危险事件。[38]这些数据大力支持了普莱斯的理论，特别是羞辱或诱骗涉及地位冲突的情况。相比生活事件或"压力"的基因手段，描述特定的生活情境可以显著提高预测力。

对于我治疗过的很多抑郁症病例，"非自愿投降"假说似乎有道理。无数夫妻限制了自己的成就，甚至限制对自己能力的看法，以保护俩人的婚姻。这一欺骗性社交策略以抑郁症状为代价，可防止受到权力更大者的攻击。我给一名年轻律师做过治疗，雄心勃勃的他并不善于使用这种欺骗策略。有一次，他做了很精彩的演讲，抢了高级合伙人的风头。后来的事实证明，该合伙人虽能力不强，但打压那名年轻律师却很有一套。小伙子一下子变得意志消沉。

以屈服信号免遭攻击的作用，会重构于其发挥作用的情境——在地位竞争中失败。这允许考虑让情绪低落在该情境下起作用的其他方式：重新评估社交战略、考虑可能的其他群体、在选定的潜在盟友中投入更多，或退出社交等待更好时机。

然而，就算是作为对一种情境的回应而重构，该理论仍只具体针对"社会资源"这一领域，以及该领域的"等级中的社会地位"这一个方面。比一场无法取胜的地位争夺赛，"追求目标未能取得任何进展"是更常见的子类型情境。丢失地位后，发出屈从的信号免遭更多权力拥有者的攻击。那在其他方面失败又会怎么样？防止在失去地位后遭受攻击，是抑郁症状的主要功能吗？

我与患者相处的经验表明，并非如此。就算在社会地位范围内，抑郁症状的作用也不只是发出服从信号，还包括促使考虑替换策略和新联盟等作用。此外，虽然我的抑郁症患者中，约有一半似乎被困于追求无法实现的目标，但其中许多目标都与社会地位无关。没有回报的爱是为了追求地位吗？试图为癌症患儿找到有效疗法呢？

多争无益，我们需要研究有关哪些事件和情境会导致抑郁症状的数据。寻找抑郁症患者的大脑异常耗资数十亿美元，调查"压力"的作用也耗资数百万美元。然而，科学界最尴尬的大悲剧是，没有资助机构愿意提供所需资源，来深入研究究竟是哪种生活事件和情况会导致哪种抑郁症状的出现。[39,40,41]

不断地胡思乱想是情绪低落的特点，实际上通常是思维反刍。问题会在脑海中重复出现，无法解答，就像牛吃草，吞咽、反刍、再咀嚼。我的同事、心理学家苏姗·诺伦-霍克西玛（Susan Nolen-Hoeksema）认为，反刍是适应不良的认知模式，是抑郁症的核心，如果可能的话，最好完全制止。[42]1989年，在加利福尼亚州发生了骇人听闻的洛马·普雷塔大地震，她幸运地在这个悲剧发生前收集了受试者的抑郁和反刍倾向的数据。地震发生后，她再次采访这些受试者后发现，就算控制了其他易患抑郁症的预测因素，有反刍倾向的人也更容易出现抑郁。[43]

《心理学评论》(*Psychological Review*)在2009年发表了一篇引起广泛讨论的文章，生物学家保罗·安德鲁斯(Paul Andrews)和精神病学家小J·安德森·汤姆森(J. Anderson Thomson, Jr.)提出了几乎相反的观点。[44]他们认为，反刍有助于解决重大的生活问题。在他们看来，抑郁会减少对行动和外在生活的兴趣，从而省出时间和精力来思考如何解决问题。该篇文章扩展了安德鲁斯和生物学家保罗·沃森(Paul Watson)于2002年的一篇文章中提出的相关建议，即演化出抑郁症是为了"社会导航"(social navigation)这一功能。[45]纽卡斯尔大学演化心理学家丹尼尔·内特尔(Daniel Nettle)坚定批评了这些观点。他指出，几乎没有证据表明反刍思维能解决社会问题，或抑郁有助于找到解决方法。[46]挪威演化临床心理学家莱夫·肯尼尔(Leif Kennair)对此表示赞同，我也同意他们的说法。[47]

尽管如此，人们陷入生活窘境时，社交退缩和反刍思维都很有用。我非常欣赏瑞典精神分析学家艾美·古特(Emmy Gut)在1989年出版的一本书，名为《富有成效和不富成效的抑郁症：功能和失能》(*Productive and Unproductive Depression*)。[48]作者研究了基于历史数据的生动案例，认为遇到重大生活问题，需要做出重大改变时，抑郁退缩和深思熟虑可以改善应对，但也可能让有些人陷入不富成效的抑郁之中。生活的重大失败可能会激励人们为寻找新战略付出巨大努力。然而，正如古特、内特尔、诺伦-霍克西玛等研究者所说，反刍思维和退缩并不一定是应对这种情况的最佳反应。

　　上述段落总结了情绪低落和抑郁最具说服力的部分功能。这些功能的提出激起了很多无谓的辩论，所有都可能存在联系。然而，视线从低落情绪和抑郁的功能，转移到它们发挥作用的情境后，它们的重要性和彼此之间的关系会变得更加清晰。

调整心情，应对不断变化的有利情况

　　大多数行为都是目标导向，或设法获得某些东西，或试图逃避或阻止某些事情。无论哪种，个体通常都朝某个目标努力。追求目标时出现的各种情境，都会引起情绪的高低起伏。什么情境？常见有用的回答是：形成高涨和低落情绪是为了应对有利和不利情境。[49]"有利情境"指小投资一定有大回报的出超情况。如果一群乳齿象朝山谷下来，就值得冒险奋力去追。如果你的工作是出售新车，那么在景气的年份多努力就会得到回报。但在不利情境下，努力就有可能付之东流。如果几个月没有看到乳齿象，外出探险寻找可能会浪费时间和精力。在经济衰退期间推销汽车并非做无用功，但不会那么顺利。

　　在有利情境下情绪高涨的个体，会充分利用机会。在不利情境下情绪低落的个体，能规避风险和节省精力，转向其他策略或目标。根据情况是否有利从而改变情绪的能力，提供了选择性优势。

　　事情变得越来越有趣。如果光景不错且可能继续保持，那么现在就不需要精力充沛。如果每天都遇上乳齿象，即便看到一群象，你也兴奋不起来。如果作物随时可收，你的兴奋感也会减弱。但如果很少见到乳齿象，那么现在就值得付出巨大努力。这似乎自相矛盾，但高

涨情绪主要对转瞬即逝的机会有价值。低落情绪对于暂时出现的不利情境，比无止尽的坏时机更有用处。突然遭遇痛失的人，会随着时间推移出现好转，但抑郁的扭曲常常使人无法看到这一点。

人生的三大决定

做好三大决定就能最大限度地提高适应度。采摘野生浆果这一难事能说明情绪如何有助于做好这些决定。首先，你应该在眼前这片灌木丛中浪费多少体力？是尽快采摘，还是慢慢采摘呢？其次，你该什么时候撤退？是一直在同一个灌木丛里采摘，还是转到别处采摘更好呢？最后，是时候做其他事了，你接下来会怎么做？是采集其他食物、做其他事，还是回家？

人生就是由这些不同时间阶段里，依序做出的决定组成的。我应该继续编辑这段，还是开始下一段呢？我应该继续写作，还是吃一顿午餐休息一下呢？我应该继续写这本书，还是先放一放，打打高尔夫球呢？我的写作速度放慢了，热情也在消退，所以现在是吃午餐的好时机。

看吧，这样更好。稍作休息会将轻微变化的注意力，重新聚焦在核心问题上：为什么缺乏情绪能力的人处于劣势？情绪变化不是非得存在。我们可以在稳定的状态下度过每一天，既不会为意外发现一棵硕果累累的果树而满心欢喜，也不会因为走了几个小时却只找到一棵"颗粒无收"的果树而垂头丧气。我们不会在屋里最有魅力的人投来带有笑意的坚定目光时感到兴奋，也不会在发现这个目光是望向别人时感到失落。没有情绪的能力，彩票中奖和破产都不会影响能量、热情、冒险、主动性或乐观的程度。如何以最佳方式采摘浆果，为许多其他生活事物提供了示范，甚至是个人决定，如决定要继续工作还是结婚。[50]

采浆果和心情

如果你曾花整个下午到野外采摘浆果，肯定经历过影响觅食的情绪变化。找到硕果累累的灌木会让人兴奋不已。你兴高采烈地摘果，有些太好吃了，还没放进桶就全下肚了。灌木渐渐枯竭，浆果长得越来越慢。你也没什么热情了，穿过荆棘去摘最后那颗畸形果。到了这棵灌木前，已经没有采摘动机，这也是件好事。努力采摘每棵灌木的每个浆果，没有意义。但是，从这棵灌木太快跳到另一棵灌木，也不明智。要想每小时采到最多浆果，应在每棵灌木停留多长时间呢？这个问题看似抽象，但做好这些决定几乎对所有动物的适应度都至关重要。[51]

数学行为生态学家埃里克·查诺夫（Eric Charnov）提出了一个巧妙的办法，清楚阐明了日常生活中的情绪。[52]简单起见，假设寻找新灌木丛所费时间都一样（即下图中的"搜寻时间"）。一找到灌木，最初能快速采到浆果，然后越来越慢；这就是为什么曲线一开始陡峭，然后渐趋水平。根据曲线发展，你可以随时停止采摘。停留时间越长，从灌木中获得的浆果就越多，但为了在一小时内获得最多浆果，你需要在恰当时间停下来，寻找新灌木。

在最佳时机停止，每小时就能获得最多浆果。纵轴表示浆果数量

（垂直虚线），横轴表示时间（搜寻时间＋采摘时间），因此如果在角度最大的那条直线（实线）与曲线顶点相交处停止采摘，你每小时就能采到最多浆果。如果提前离开（较短的破折号虚线），或者停留过长（较长的破折号虚线），你每小时获得的浆果都只会更少。

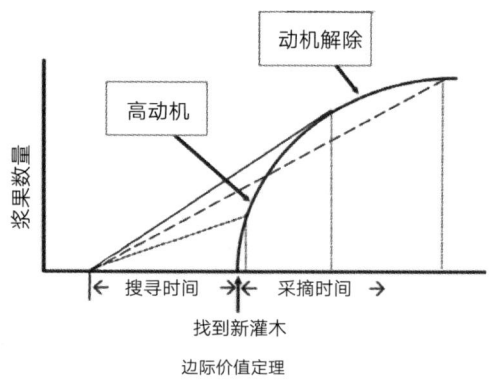

边际价值定理

查诺夫称此为"边际价值定理"（Marginal Value Theorem），因为所有行动都在"边缘"交点上，从眼前灌木获得浆果的速率，会低于转移到新灌木每小时的采摘数量。这一核心思想既浅显又深奥。不必通过微积分算出正确答案，跟着情绪走就好。要想每天采到最多浆果，那在自己对眼前灌木没兴趣时另找一棵就是。多亏你的情绪源于自然选择，一般都能达到那个交点，即从眼前灌木采摘浆果的速率，减慢到每分钟在很多灌木采得浆果平均数。几乎在每个有机体的大脑中都有这种决策机制。瓢虫、蜜蜂、蜥蜴、花栗鼠、黑猩猩和人类全都能做好这些觅食决策。无须计算，动机就能标记出最佳时间，自如切换。

同理可得，在活动之间切换的最佳时间。如果灌木和浆果非常稀疏，你在那里徘徊一小时消耗的卡路里高于摘果所得的卡路里，最好选择离开。有时即便浆果很多，离开也是最好的决定，因为如果你已经摘了一千个，再多就意味着得扛回很重的桶，还得一整天都待在厨房里制作一年都吃不完的果酱。所以在到达那个交点之前，动机就会变得消极，明智的选择就是回家。

边际价值定理定下了我们的生活节奏。一开始都是兴致勃勃，坚持一段时间后兴趣消退，然后又开始其他活动。停留多长时间取决于启动成本，相当于寻找新灌木的成本、收益如何随时间下降和其他方案的收益。例如读书，你需要找到书，坐下，开灯，然后才开始阅读。如果只读几分钟就起身做其他事情，那永远都读不了太多。

患有注意力缺陷/多动障碍（ADHD）的人深谙这点。他们对当前任务的动力消失得很快，新的机会像闪闪发光的霓虹灯在召唤。他们从一项活动迅速转移到另一项活动，很少有太多收获。研究 ADHD 患者如何觅食浆果肯定很有趣。我敢打赌，他们每次都会很快就退出灌木丛。但是，停留太久也不明智。过度坚持的人也应诊断为"注意力过剩障碍"（attention surplus disorder）。[53] 有趣的是，用于治疗 ADHD 的药物会增加多巴胺，这是大脑对奖励做出反应所释放的物质。多巴胺增加可能会使大脑做出反应，好像每分钟会有更多浆果来自眼前的灌木，鼓励继续坚持眼前的任务。

何时全身而退

何时全身而退回家去（又或者一开始就不外出），这个决定让我们更容易产生低落情绪和抑郁。常见答案很简单：当你每分钟消耗的卡路里高于从任何活动获得的卡路里，最好就是回家静候良时。

　　温暖夏日里，大黄蜂每分钟都会收集花粉和花蜜。傍晚时分，凉爽的空气使飞行成本更高，花瓣闭合，花朵也越来越难找。所以最好就是在傍晚时分某个时刻回巢。大黄蜂做出了很好的决定。[54] 它们那些过早撤退或飞行时间过长的祖先，每天摄入的卡路里较少，从而造成后代数量减少。对兔子来说也一样，停留过久的代价更大——成为狐狸的晚餐。因此对于所有物种，当任何活动的预期成本高于收益时，最好的办法是……啥都不做。原地不动！找个安全的地方，静候良机。这一分析加深了我们对低落情绪和抑郁的理解。

　　有些动物每晚都会进入极其低耗的状态。纹颊袋鼬是澳大利亚一种类似老鼠的有袋动物，生活在食物稀少、气温波动很大的荒凉沙漠中。它白天无法获得足以在寒冷冬夜保持体温的能量。因此，天黑后的新陈代谢会减慢，体温降低20摄氏度，算是一段迷你冬眠。[55] 有时，最好的策略是非但原地不动，还得后退一步。

　　其他动物必须做出生死攸关的决定，最好就是冒大风险。在一项经典实验中，行为生态学家托马斯·卡拉科（Thomas Caraco）与其同事训练灯芯草雀可以在两只喂鸟器上觅种子。那些鸟每次来觅食时，两个喂鸟器的种子平均数量都相同。其中一个喂鸟器每次的量小但一致，而另一个的量则相差较大。常温下，鸟更喜欢种子量少但稳定的喂鸟器。但是，当温度降低到这个喂鸟器提供的卡路里不足以让它们活过那晚时，它们会转向另一个喂鸟器。比起确定自己会冻死，它们会冒了很大的风险，希望有一丝生机，就像监狱营地被判刑的囚犯一样，尽管有带枪守卫看管，但他们仍想逃到高墙之外。[56]

　　严峻时刻需要做出艰难的高风险决策。1884 年 2 月，我的祖母出生在挪威海岸附近的一个小岛上。在她洗礼的那天，她父亲在海上看到了一股鱼群。这是上天在贫瘠寒冬给新添成员的食物馈赠？尽管波涛汹涌，他还是和伙计扬帆出海了。他们一次又一次吊起渔网，直到装满整船。应该继续捕鱼还是回家？鱼仍在那里，但可能再也不会回来，所以他们把备用艇也装满了鱼，用链条拴在船上。后来起风了，小艇翻转，链条无法切断，最终两艘船都沉入海底。我的曾祖母在岸上怀抱着刚出生的女儿，无助地目睹丈夫溺水身亡。乐观和大胆往往值得，但有时也会致命。在恶劣环境中冒险的害处，可能有助于解释为什么我曾祖父的后代会有焦虑和悲观的倾向。

　　做出关于觅食或捕鱼的决定，仍然是许多人生活的核心，但大多数人现在都处在各种复杂关系网中追求长期的社会目标，这些关系让我们面临决定是否继续可能毫无收获的努力。有些竞争为少数赢家提供了巨大回报，而其他人只能白白付出了多年努力。成为一名职业足球运动员很棒，但 1000 人中，999 个想尝试的都会失败。成功的小说家所获虽相形见绌，但还是有很多人尝试写小说。职业追求只是简单例子，但心情也会影响更多的个人目标：想要减肥、找工作、与难以取悦的老板或配偶相处、尽管关节炎严重还是要照常生活。我们在追求组成人生的目标时，进展或快或慢，情绪忽高忽低。

　　这把我们带回到边际价值定理提出的关键问题：什么时候应该放弃重要的生活目标？在职业生涯早期，我总是鼓励患者继续努力，不断尝试，不要被抑郁症状蒙骗，认为自己不能成功。这通常是个好建议。有学生在第四次申请时终于进了医学院。有歌手在纳什维尔度过了第五年后，终于可以在当地著名的乡村大剧院（Grand Ole Opry）里表演。但随着一次又一次的失败，更多人会越来越灰心丧气。有时订婚5年终喜结连理，有时候在洛杉矶多待了一年闯入电影圈有所回报，但这都不常有。

　　实践经验与我逐渐认识的演化观点相结合，会促进对患者情绪的尊重。通常情况下，他们的症状似乎都源于深层认知，以为一些重要的人生计划再也不会实现。她很高兴他想同居，但时间久了越发觉得他以后不会有结婚的打算；老板有时人很好，也暗示过会给我升职，但其实是没有的事儿；治愈癌症的希望被点燃，但到目前为止，所有疗法都失败了；他已戒酒两个星期，但之前的十几次戒酒誓言，又在觥筹交错中烟消云散。情绪低落并不总源于大脑障碍；也有可能是对追求无法达到的目标的正常反应。

动物模型

　　判断一种抗抑郁药是否有效的标准方法，是看它能否让动物坚持做无用功。强迫游泳试验（Porsolt test）用来测量水杯中的老鼠会坚持游多长时间。[57]服用了百忧解（Prozac）或其他抗抑郁药的老鼠游泳时间更长。因为该测试用于鉴定抗抑郁药物，所以有四千多篇科学论文都以此为写作基础，其中新文章以每天一篇的速度发表。坚持似乎是件好事，许多文章都认为暂停游泳是情绪低落或绝望的表现。但是暂停游泳并不意味着放弃和溺水，只代表改变策略——浮在水面，保持用鼻子呼吸就好。老鼠都会在恰当的时机转而采取这种策略。那些使它们长时间游泳的药物，更容易导致疲惫和溺水。[58]

习得性失助（learned helplessness）是假设坚持是好现象的另一种动物模型。心理学家马丁·塞利格曼（Martin Seligman）把几只狗放在一个用隔板一分为二的盒子里。被电击过的狗很快就学会跳到另一格。但之前遭过电击的狗，即便可以，也不会跳到另一格躲避攻击。这种"习得性失助"被认为是很好的抑郁症模型。[59]然而，与游泳试验中的老鼠一样，这些狗可能只是看上去很蠢。在野外不会遭电击，但有的狗为了保持其统治地位，愿意在必要的时候再次忍受疼痛。

低落情绪有用的其他情境

我在2000年发表的文章《抑郁是随机应变吗？》（Is Depression an Adaptation?）中，强调了追求遥不可及的目标的情境。[60]如今回看，我当时的观点过于狭隘了。低落情绪会在其他几种情境中发挥作用。社会地位的争夺，常会制造出无法企及的目标，但长期的情绪低落，却可能有益于受困的屈从者。我诊治过几十名女性抑郁患者，她们有孩子，没工作，身边无亲无故，丈夫有虐待倾向。我们努力劝她们到避难所去，但很少有人听，也很少有人复诊。如果抑郁症是根据起因进行诊断，那么"某人抑郁是因为无法逃避有虐待倾向的配偶"会是常见的精神障碍。

虽然上述内容的关注点都在社会情境，但身体状况也会影响情绪，其中3个方面特别突出——饥饿、季节性天气变化和感染。在第二次世界大战期间开展的明尼苏达州饥饿实验（Minnesota Starvation Experiment）中，出于道义拒绝服兵役者志愿参加了这项实验，提供了情绪变化的大量证据。所有受试者最初都处于健康且情绪稳定的状态。他们同意采取节食来减少25%的体重。达到目标体重后，大多数人都疲惫不堪、意志消沉、不抱希望，老惦记着食物。[61,62]这种热量剥夺（caloric deprivation）有时会发生在人类祖先身上，而且世界上很多地方仍然存在这种现象。遇到这种情况，避免激烈的竞争活动是明智选择。

缺乏阳光会让许多人感到情绪低落，因此季节性情感障碍（seasonal affective disorder）很常见。很难说天气阴沉时的低落情绪究竟是适应，还是其他机制的副产品。但当活动可能有危险或没有收获时，低落情绪会有所用处。[63,64,65]

你有没有试过，一觉醒来发现自己感冒后，就感觉什么事都不想做？20世纪80年代，这一综合征由动物行为学家本杰明·哈特（Benjamin Hart）命名为"病态行为"（sickness behavior）。[66,67]他描述了其可能具备的演化作用，包括保护能量以对抗感染、在非最佳状态时躲避掠食者和冲突。许多研究记录了感染期间出现的抑郁症状。[68]尤其引人注意的是，使用干扰素的治疗加剧了抑郁状态，干扰素是一种能增强身体免疫反应的天然化学物质。接受干扰素治疗的丙型肝炎患者中，有近30%出现了严重的抑郁症状，不仅疲劳，还会感到毫无希望和价值。[69]这既表明免疫反应会引发临床抑郁症，也表明低落情绪的某些方面有助于抵御感染。[70]

受到感染时，疲劳和缺乏主动性都情有可原，但为什么会深感内疚和不足呢？这些症状可能是简陋系统的副产品。调节目标抵御感染的系统，可能由先前存在的系统发展而来。或许人类祖先在古时环境受感染仅引起疲劳，真正意义上的抑郁主要发生在具有免疫系统的现代人身上，这些免疫系统由于营养过剩或微生物组破坏而导致过度活跃。

以上至少说明了感染也会导致低落情绪，但不代表所有抑郁症状都是免疫系统的产物。然而，如果自然选择是借用免疫系统来创建调节情绪的系统，就能解释抑郁症为什么与动脉粥样硬化等炎症性疾病高度相关。[71,72,73,74]

高涨情绪有何好处？

一直以来，高涨情绪都遭人忽视。这种情绪显然既奇妙又有用，直到最近才有人研究其适应性意义。和低落情绪正相反，高涨情绪是在有利的情境下有用的反应，尤其是在暂时出现的有利情境。机会降临时更有动力的人比反应平淡的人，更具选择性优势。高涨情绪不仅包括能量增加，还包括创造力提升、勇于冒险和对采取新措施的渴望。正如莎士比亚所说："人世命运如潮，顺势而为才大有可为。"[75]

我在密歇根大学的前同事芭芭拉·弗雷德里克森（Barbara Fredrickson）提出，高涨情绪的好处源于"拓宽和建立"（broaden and build）的倾向。她自己以及其他学术追随者的实验表明，高涨情绪创造了更广阔的世界观，让人更有可能积极主动创新。[76]这些变化只是敲开机会大门的门票。然而，将这些变化视为功能，会忽略在不同领域起作用的其他积极情绪和其他亚型。例如，刚坠入爱河的人会心花怒放，愿意为心爱的人赴汤蹈火，这些行动可能会以恋爱关系、性和后代作为回报。[77] 同样，在争夺地位的世界里，新晋为高层领导会令人振奋，激励主动创新和其他会获得丰厚收益的类似效应。在与他人的竞争变激烈前，最好尽早利用这些机会。

一个模型

生理学家通过观察器官切除后造成的影响，来研究器官的用途。甲状腺取出后造成的甲状腺功能减退症，可以表明甲状腺激素的作用。但是，这无法消除情绪。对无过多情绪（述情障碍）之人的研究也与此相关，目前尚不清楚述情障碍患者是真的缺乏情绪反应，还只是将其抑制住了。[78]

我建了个简单的计算机模型，探究情绪变化是否优于保持情绪不变。这一模型让我大开眼界、出乎意料。该模型是采取游戏方式，3种不同策略通过对100次移动进行不同额度的投资来一比高低。每轮的初始资源单位均为100。

"无情绪"（Moodless）策略每次投10个单位。"中等"（Moderate）策略每次投10%。至于"情绪多变"（Moody）策略，如果得到回报，则投15%；如果亏损，则投5%。每次移动的收益都是一个随机结果与前一步收益之和，因此有一定的可预测性。模型显示，平均收益为1%，但走任何一步，整个投资都可能会损失或增加一倍。

看着这个游戏进行得非常有趣。一次点击就会产生100次移动，4条线在计算机屏幕上爬行，其中3条线分别代表那3种策略，另一条则用于指示每次移动时的收益。由于随机因素的微小变化，每次运行游戏都会有所不同。

哪种策略会赢？取决于环境。通常，3种策略都大致相同。当收益可适度预测时，"情绪多变"往往会赢，因为它在恰当时机，避免了不景气时出现的风险。然而，随着收益可预测性降低，"情绪多变"策略的结果越来越糟，因为它经常冒很大风险，最后损失惨重。

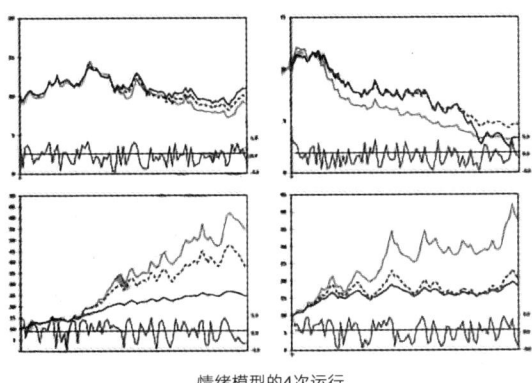

情绪模型的4次运行

情绪模型的4次运行显示了，收益的偶然变化如何导致3种策略截然不同的结果：情绪多变（点线）、中等（虚线）和无情绪（实线）。图下方的细直线表示游戏期间，每次不同移动的收益变化情况。

其他结果也在意料之外，这正是你希望从计算机模型中获得的结果。上图展示了根据相同公式和起始值运行游戏的4种结果。正如著名的蝴蝶效应（即一只蝴蝶在巴西拍打翅膀会导致佛罗里达出现飓风）[79]，随机数的微小变化也会造成截然不同的结果。通常，3种策略的结果都很相似。有时，所有策略的运行结果都不好。然而，当有大赢家或大输家出现，一般都会是"情绪多变"。

这个简单模型所得结果，可能有助于解释为什么人与人之间的情绪调节机制有如此大的差异。情绪调节机制不同，在其他一切条件保持不变的情况下，只要轻微的环境干扰就能导致截然不同的收益。没有哪个系统能一直获胜，这在很大程度上取决于偶然性。

埃里克·杰克逊（Eric Jackson）读研期间在我的实验室工作，当时就对此做了进一步研究。他编写的计算机程序完成了1万次运行，探究情绪多变到底有多好。他的主要结论很简单：当回报变化大且在可预测范围内，最佳策略就是根据近期收益大改投资，即使用"情绪多变"策略，但回报若无法预测，更稳定的策略会胜出，"情绪多变"策略则很快会失败。

心理学家一直都知道

我受到动物觅食研究的启发，产生了"心情随好事"这一想法，但这并非新观点。很多心理学家朋友都给我推荐了细写这一现象的文章。1975年，明尼苏达大学心理学家埃里克·克林格（Eric Klinger）清晰阐述了这一核心思想。[80]人在朝重要人生目标迈进时，都会自我感觉良好。遇到障碍会心生沮丧，经常表现出愤怒和具有攻击性。目标无法取得进展，会导致士气低落和暂时退缩。长期战略失败，会造成更严重的士气低落，试图另寻他法。如果继续努力仍未能找到达标的新途径，那么强烈的低落情绪会使动机脱离目标。到了真正要放弃无法企及的目标时，低落情绪会暂时变成失去所致的悲伤，然后继续追求其他更有可能实现的目标。但有时候，这个目标是无法放弃的，比如找工作、找对象或治疗致命疾病。在这种情况下，人可能会陷入追求遥不可及的目标中，普通的低落情绪恶化为严重抑郁。综上所述，所有临床医生都应该读一读克林格的著作。

后来有其他人扩展了这些想法，还研究了相关现象。现居加利福尼亚州的德国心理学家尤塔·赫克豪森（Jutta Heckhausen）研究了一群无儿无女的中年妇女，她们仍希望能有自己的孩子。更年期期间，她们遭受越来越强烈的情绪困扰。但更年期过后，放弃怀孕希望的女性再也不会出现抑郁症状。[81]这极具讽刺意味：希望往往是抑郁的根源。

加拿大心理学家卡斯滕·沃斯奇（Carsten Wrosch）观察研究了试图为癌症患儿求助的父母。下最大决心要实现目标的父母，更容易出现抑郁。[82]那些更有能力转变或放弃目标的父母，抑郁程度往往更轻。[83]

美国心理学家查尔斯·卡弗（Charles Carver）和迈克尔·沙伊尔（Michael Scheier）进行了目标追求的迫切性如何影响情绪的一系列研究。[84]他们发现，影响情绪的最主要因素不是成败，而是目标进度。[85]进度超出预期会让情绪高涨,低于预期则引发低落情绪。这可能不如看上去那么明显。许多人认为,情绪反映了一个人拥有什么。这不过是种假象,正如许多人虽富有、健康、受人景仰,但仍会郁闷不已。人们努力争取、期待幸福,但不会永远如此。一个人拥有什么对情绪只有轻微影响,而成败对情绪的影响也不过作用一时。大多数人的情绪基线都非常稳定,情绪变化主要反映出目标进度。[86,87]

逆境中的低动力和坏情绪

重要生活目标进展缓慢或停止时,低落情绪会使动机脱离,进入等待,考虑替代策略;若无其他可行方案,则放弃目标。但在此情况下,低动机真的是最佳反应吗?它可避免浪费精力做无用功,但如果某种生活策略失败了,你为什么要待在房间里闷闷不乐呢?冒险和热情似乎更有可能获得成功的新战略。为什么生活的挫折不会把认知转化为对自我、世界和未来的乐观看法,把激励转化为更有益的项目呢?

有时,挫折确实起到这些作用。有人丢了工作回到家后,转念间发现自己是摆脱掉干了几十年的苦差事;经历离婚之初的绝望后,往往会意识到又有发展更好关系的可能了。即便要放弃失败的科学研究项目,如果它能为更有趣的研究铺平道路,也会令人振奋。托尼·霍格兰(Tony Hoagland)的诗作《失望》(*Disappointment*)捕捉到了这些时刻 ——"他没有获得这份工作/或者,她父亲在她告诉他前去世了/那件,最重要的事情/一切都静谧无声 …… 你不必再有任何追求/都结束了/你自由了"。[88]

乐观的生活观有许多显而易见的好处，例如避免抑郁及其相关的健康风险。[89]与悲观主义者相比，乐观主义者死于心脏病的概率只有一半。[90]乐观主义者的玫瑰色眼镜让他们能不懈地坚持下去，不像其他人那样受犹豫不决的困扰。然而，这可能导致"协和效应"（Concorde Effect），即犯下将努力持续付诸于无望事业的错误。如果你走了几个小时到达狩猎场所，第一个小时内没有不禁猎的动物出现，可以停留再久一点，但不能长达几天。何时决定进行下一步至关重要。大多数人的一生中，坚持和乐观都得到了回报。寻找新工作或合作伙伴要花大成本。通常，最好就是遇到问题仍继续前行，忘记其他可能，希望事情最终会更加顺利。通常也确会如此。

然而，继续前行有时候却行不通。如果努力永远不可能成功，就有必要冷静下来评估目标。有数十项研究表明，低落情绪会让人更加现实，这种现象称为"抑郁现实主义"（depression realism）。[91]一般而言，人都会乐观得不像话。[92]当要求受试者使用按钮来控制随机闪烁的灯光时，大多数人都认为闪光灯受自己的按钮遥控。相比之下，有抑郁症状的受试者很快就发现闪光灯不由自己控制。抑郁现实主义一直存在于许多文化之中。[93]利用悲伤的故事或电影来诱导低落情绪，会让人对自己和未来做出更加准确的评估[94,95,96]，尽管效果可能比之前想象的要小。[97]

虽做出很大努力，但重要的人生目标还是渐行渐远的时候，低落情绪会驱散乐观幻想，促使客观考虑其他方案。这种转变往往很痛苦。我和许多自以为能挽救婚姻的病患谈过，那感觉就仿佛所有希望突然间都消失了，玫瑰色镜片突然变暗了。然而，抑郁症患者不仅是镜片变暗，还会歪曲现实，遮蔽双眼，看不到他人轻易可见的机会。有些失业者认为自己永远找不到新工作，有些刚离婚的人认为自己天生就不讨人爱，研究人员沮丧时可能认为自己的职业生涯已经结束。这到底怎么回事？

悲观主义可防止草率决定。如果婚姻、工作，甚至写作的不顺利很快激起对其他方案的乐观态度，我们会忽视成本，赶紧重新开始。对自我和未来持悲观态度，会延迟做出很大改变，为创始企业留出卷土重来的时间。有时最好是拉起浮标，转移到其他钓鱼点，但如果有浪或天气变差，就值得好好考虑和犹豫一番。搬到新城市、开始新工作或新婚姻，这些都要花费更大成本，承担更大风险。我猜想，越是坚持失败的重要人生目标和随之产生的低落情绪，得到更大收获的成本和风险也就越高。但据我所知，这一想法尚未经受检验。

最后，在把注意力从普通的低落情绪，转移到情绪障碍之际，还值得问一句，为什么低落情绪会感觉这么糟。为什么系统不能客观评估替代方案，找准时机转移到其他最佳方案，无须产生自我怀疑、反刍思维和精神痛苦来应对失败呢？有很多种解释，但我认为主要的解释与物理性疼痛为何让人感觉痛楚同理。伴随恶心、呕吐、腹泻、咳嗽、发热、疲劳、疼痛、焦虑和情绪低落的痛苦，促使人们逃离眼前的逆境，避免将来出现类似情况。没有经历过身体疼痛的人，会累积受伤，且通常成年早期就会死亡。那些在追求无法企及的目标时没有不良情绪的人，一生都会满足于做无用功。更强的低落情绪可能有助于他们的基因，但提高低落情绪的诊所，绝对会像帮助焦虑患者的诊所那样受欢迎。

问题解决了？

虽然将特定功能归因于特定情绪状态行不通，但还是可以说，情绪能力具有一般功能 —— 情绪重新分配时间、精力、资源和冒险的投资，以在不同的有利情境下最大化达尔文适应度。高涨和低落情绪能调整认知和行为，以应对有利和不利的情境。

这一整体概述大致上默认假设 —— 情绪只是一回事。情绪当然看似一件事。我们用一个专有名词来称呼它，且大多数人都很容易识别出情绪高涨和低落的描述。但高涨和低落情绪的各个部分总是共同出现吗？热情、冒险、快速思考和乐观总是同步出现吗？低自尊总是伴随着悲观、恐惧和低能量吗？

低落情绪不同方面共同出现的方式，与不同感冒症状的相同。它们关系密切，但其模式根据问题的具体情况而有所不同。马修·凯勒（Matthew Keller）启动了一个风险项目，探索不同类型的问题是否会引起不同的抑郁症状。有 3 项研究证实了他的假设。具体来说，失去伴侣引起了哭泣、情绪痛苦和渴望社会支持，而失败则导致了悲观、疲劳和失去体验快乐的能力。[98] 另一名曾在实验室工作的学生伊科·弗里德（Eiko Fried），用一系列研究进一步推进了上述项目，结果显示，通过统计症状的数量和强度来衡量抑郁症的严重程度这一常见做法，可以发现最有趣和最重要的变化。分析个体症状可能会提供数据，有助于证明抗抑郁药物的有效性，还有助于找到出现严重抑郁问题的大脑机制。[99]

缓解精神痛苦

最后，要提醒注意一个常见但危险的不合逻辑之处。了解到低落情绪可能有所用处后，有人得出的结论是，不应治疗低落情绪。这个就像麻醉剂最初发明时犯下的错误：有些医生认为痛是正常的，甚至在手术时拒绝使用麻醉剂。我们不能被低落情绪效用的新理解，阻碍我们减轻精神痛苦。

人是因为痛苦才前来接受治疗的。无论是身体上，还是精神上的痛苦，找到并消除起因才是最佳解决方案。有时，低落情绪应被视为正常且有用的，可帮助调整人的动机和生活方向。但是，情境往往难以改变。失去朋友、继续受虐、无法找到工作、每晚尝试帮助孩子戒掉药物、找不到慢性疼痛的缓解办法（这些都是很好的理由），即便这些都是正常现象，由此产生的不良情绪也会有害。在其他情境下，低落情绪对人的基因来说是正常有益的，但对人本身却是有害的。有时，出于烟雾探测器原理，它在特定情况下虽然正常但毫无作用。有时，是因为我们生活的社会环境与演化环境不同，它虽然正常但毫无作用。而且，低落情绪有时是由情绪调节系统的异常引起的。考虑到所有可能性，临床医生和患者同样可以用治疗身体疼痛的方式，来治疗低落情绪。试图找到原因，然后解决问题，始终要尽己所能来减轻痛苦。

第 7 章
找不到好理由的坏情绪：情绪稳定器失灵

悲伤情绪之于抑郁，如正常生长之于癌症。[1]

——刘易斯·沃尔珀特（Lewis Wolpert），

《恶性悲伤：抑郁症的剖析》（*Malignant Sadness: The Anatomy of Depression*）

如果有人想要自己无法拥有的东西，那么绝望必定是他的宿命。

——威廉·布莱克（William Blake），

《不存在自然宗教》（*There Is No Natural Religion*），1788

普通的低落情绪就像断腿引起的疼痛；异常的抑郁情绪好比由疼痛调节机制缺陷引起的慢性疼痛；而躁狂，正如没有节速器的引擎。情绪稳定器失灵，便会导致情绪障碍。

我刚看了新来的病患，一名六十岁出头的教授。他坐在病床上，望向窗外，说话慢条斯理。他说："烟雾似乎正在消散。"

"什么烟雾？"我问。他回答："现在一切都消失了，不是吗？整个城市，都烧毁了。但你还是可以闻得到。"

这里没有火，城市也安然无恙，没人闻得到烟味。他继续缓缓地说："我想帮一把，但我现在什么都没有。住院我也住不起，我得离开，可能没办法只能坐牢了。"

他妻子开口说："他这样嘀咕了好几个星期，不管我告诉他多少次我们有退休金，他都一直说我们所有的钱都没了，不过没关系，反正他就要死了。"精神病性抑郁症让他出现幻觉，以为自己穷困、嗅到某些气味、想象发生灾难。后来出现好转，但做了几个星期电痉挛治疗。

警察对躁狂症更是见怪不怪了。我值晚班那天，警察接到一家高级餐厅的报警，一名三十岁出头的女性跳上桌子摇摇晃晃地转着圈，边脱衣服边大声唱着乱七八糟的歌。她说自己是夜间娱乐的舞者，但那个无聊的高级餐厅却从不安排娱乐活动。警察一把将她从桌上拉下来，她就开始大喊大叫地挣扎。到了急诊室，她还在不停地自言自语，说的话都连不成句，她讲自己怎么赢了电视舞蹈比赛，希望能跳给粉丝看。她没有酗酒或吸毒，就医记录显示，她有过5次躁狂发作。她一个朋友说，她两周前就开始"为舞蹈比赛做准备"而停药了。

精神病性抑郁症或躁狂症一点都不正常，也没任何用处。两者都是由情绪调节机制被破坏引起的严重疾病。探索为什么某些个体身上的这些机制会出问题，这项事业资金充足但任重道远。那次情绪障碍会议上就体现了其成就和局限所在，我也参加了那次在豪华度假酒店举办的会议，有300位精神科医生聆听了精彩绝伦的发言，总结了最新的研究成果。

会议以描述抑郁症患病率的报告开场，内容令人震惊，难说是否还有动力听下去，或直接逃离会议室。每一天都有 3.5 亿人遭受情绪障碍，让他们心生痛苦、无法工作，往往还无法继续生活。[2]仅在美国，抑郁症造成的经济损失就高达 2 100 亿美元，约为所有食品补充计划的 3 倍。《自然》（Nature）杂志刊登了一篇题为《如果抑郁症是癌症》（If Depression Were Cancer）的社论，有力地指出美国国立卫生研究院（US National Institutes of Health）每年只投入 4 亿美元作为抑郁症研究经费，还不到癌症研究经费的 10％。[3,4]情绪障碍引起了巨大的公共卫生危机，亟须找出病因和更好的治疗方法。

专家在会上总结了数百项研究结果，探讨大脑如何影响情绪，以及药物如何影响大脑。科学研究虽成果惊人，但总的来说，这次会议令人沮丧。尽管做了大量研究，却仍未发现引起抑郁的特定大脑或遗传异常。针对疗法的研究一样复杂，也只是稍微乐观一点。大多数患者都得到改善，但许多患者都"对治疗有抵抗能力"（treatment resistant）或出现难以忍受的副作用。只有少数患者能获得长期完全康复。

有些令人惊讶的新发现，取得了切实的进展。抑郁是双相情感障碍的表现之一，显然，目前常用的抗抑郁药并不见效，但其他药物却能发挥作用。还有其他好消息传来，某些抗抑郁新药产生的相关副作用可能会更小。总之，这次会议极大促进了对影响情绪的大脑机制的理解，以及加快了寻找病因和更好疗法的进程。会议结束前，参会者都为向患者提供最佳治疗做了更充分的准备。

有一次午餐时间前，我听了一场技术性特别强的讲座，联想到了福尔摩斯的故事，那一段的关键线索是一只夜里不会吠的狗。为什么我会想到这个呢？是不是漏了什么东西？

午餐时，我问了其他精神科医生，他们究竟为什么认为有低落情绪能力存在。他们的答案跟生物学相差十万八千里。"抑郁是我们成为人类的因素。""建立一段有意义的关系，抑郁能力至关重要。""我从未想过这个问题。一定要有原因吗？""抑郁是种脑部疾病，没什么用。"

当听到我说"演化形成某种情绪能力肯定有其原因"时，他们刚开始震惊，后来变成困惑。"演化还没有被证伪吗？""我认为这跟学习能力和文化有关，跟生物学无关。""这听上去像用来解释起源的假设故事（just-so stories）。""情绪是由化学失衡，而不是演化引起。"这些态度友好、受过良好教育的医生你一言我一语，迫使我认识到，精神科医生连情绪的用处都没想过，更别说思考它的演化起源了。

一整天下来，我感到绝望沮丧、孤独悲观、焦虑疲惫，还质疑自己的能力。我的大脑有所改变了。这是抑郁的自发发作吗？没有运动、吃太多饼干、没怎么晒阳光的一天，会导致化学失衡吗？抑或是由于惊觉自己多年来提倡精神科医生对情绪演化进行思考的努力全白费了，才导致出现抑郁症状？

如果症状持续两周，我就能被诊断为严重抑郁症。幸运的是，会议第二天，我坐在了朋友辛西娅·斯多宁顿（Cynthia Stonningto）旁边，她是亚利桑那州梅奥诊所（Mayo Clinic）的精神病学系负责人。她在听会时和我说的悄悄话，还有时不时高挑的眉毛，说明并非只有我注意到有遗漏之处。我们没有吃制药公司赞助的午餐，而是找了个光线很好的庭院，试图弄清白天那些演讲中的疑惑。

我们很快发现，专家们一直关注易出现抑郁的个体有什么问题，却从未提及生活情境如何影响每个人的情绪。他们在摘要中提到了"压力"，但没有人谈到在婚姻中受虐或工作陷入僵局的患者。没有人谈到如何治疗身陷绝望、疲惫、恐惧和沮丧中的父母，因为他们无法帮助自己年仅十几岁的精神病患儿，那孩子会在夜里随时尖叫，还会威胁要制造混乱。也没有人提到瘾君子第十次恳求尝试戒毒的灰心丧气，或病患刚听说癌症复发的绝望之情。

重点完全放在人的特征上面，而一直忽略了生活状况。我想起了社会心理学的第一个原则，是该领域创始人库尔特·勒温（Kurt Lewin）提出的简单公式：$B = f(P, E)$，行为（B）是人（P）在所处环境（E）中的一种功能（f）。一个人的特征（如基因和个性）会保持不变[5]，而环境会发生变化，必须综合考虑这两个方面才能得到完整解释。

如前面描述诊断的章节所示，人类容易出现基本归因错误，归咎于个体的特征而忽略了环境和情境的影响。[6,7]一旦认识到这点，就会发现错误无处不在。如果有人从共享壶中倒咖啡，却没有往捐赠罐里投钱，那么他就很容易被贴上"不诚实"的标签，不会有人考虑到他可能昨天已经捐过 5 美元。如果有熟人擦肩而过却没打招呼，那么他也很容易被认为是翻脸不认人的混蛋，尽管他有可能赶着去做化疗。看到有人垂头丧气，很容易会把这种状态归因于悲观的性格。与一名同事聊天，他给有外遇的心理治疗师提供私人诊断服务，我表示会发生这样的事情，或许是因为人对性特别感兴趣，才可能会成为治疗师。他回答："治疗师与其他任何人没什么两样。区别就在于治疗师有私人办公室。这给外遇提供了方便，因为没什么阻碍。等有了私人办公室，你就会懂。"

学者的抑郁

会议结束后第二天早晨，我沮丧地浏览着《大西洋》(*The Atlantic*)杂志，看到著名儿童心理学家艾莉森·高普妮克 (Alison Gopnik)的一篇名为《18世纪哲学家如何帮我解除中年危机》(*How an 18th-Century Philosopher Helped Solve My Midlife Crisis*)的文章。[8] 和许多"中年危机"一样，高普妮克的中年危机也出现典型的抑郁发作。在结束了20多年的婚姻、孩子都离开家、自己也搬到新房独居后，她就开始出现了抑郁症状，没过多久，还确信自己再无大的作为。她的症状似乎恰好证实了这一点——每天要哭上好几个小时，没办法工作。她知道自己需要帮助，但又不是会配合的患者。"医生给我开了百忧解 (Prozac)，还做瑜伽、冥想。我讨厌吃百忧解，瑜伽也做得很差。冥想好像挺有用，至少有意思。事实上，研究冥想似乎和实践冥想一样有用。冥想从哪里来？为什么有用？"

作为学者，她开始了解18世纪苏格兰哲学家戴维·休谟 (David Hume)，且不说其他，休谟对人类经验主体性的深刻见解、认为人类欲望不可能得到满足的观点，以及风趣幽默都被世人铭记。然而，休谟并没有过上无忧无虑的生活。23岁那年，他像高普妮克一样精神崩溃了，确信自己永远不会有任何成就。然而，接下来的3年里，他撰写了《人性论》(*A Treatise of Human Nature*)，被认为是当今西方哲学中的伟大著作之一——300年后，他成了精神沮丧却有学术抱负、鼓舞人心的榜样。[9]

　　高普妮克读休谟的作品时，觉得在休谟对待欲望的态度中，发现了一丝佛教的气息。有极高学术灵敏度的她，跟着这股气息顺藤摸瓜。我对此很着迷，因为大量佛教思想都讲到了欲望是如何导致抑郁的。[10,11,12]可是18世纪初，欧洲有多少人了解佛教呢？高普妮克发现了一名耶稣会传教士戴西德瑞(Ippolito Desideri)，于1716—1721年在西藏的一个修道院研习佛教，1728年完成了一本以佛教为主题的书，一年后返回了欧洲。但教会不允许出版其他宗教的书籍，所以休谟可能从未读过这本书。然而，高普妮克却发现了一个非同寻常的巧合。戴西德瑞曾在巴黎南部的拉弗莱舍小镇(La Flèche)的修道院待过。8年后，休谟也在这个小镇住过，在创作《人性论》期间，还曾与那里的僧侣交谈。

　　高普妮克在不久后遇上和她一样热衷于探索这个谜团的男人，还爱上了他。她的抑郁症消失了。这是自发性缓解(spontaneous remission)吗？还是新的恋情、新的社交网络、新的职业机会，也有可能是重新认识到欲望是永远无法满足的幻想？

　　她的记述感人至深，毫不畏缩地描述了自己重要的人生事业进入死胡同，是如何导致了可怕的抑郁。与其他著名作家一样，她并没有归咎于脑疾病的自发发作，来减弱和隐藏个人冲突和损失的作用。相反，她走入黑暗困境，带着新的理解和目标重新振作。

她的病情非常严重，能采取更积极的治疗可能会更好。如果是我的患者，我会试图说服她继续服用抗抑郁药。而且，我不会只从表面理解她的解释。她可能弱化了家庭经历和早前的症状。抑郁症可能导致她的婚姻结束，阻碍了职业发展。但她对自己的消沉和康复的描述，仍然帮我克服了自己的绝望，再次鼓起勇气深入探究情绪到底为什么会存在。如果能鼓励他人有助于构建框架，这个框架会使我们在正常情绪的背景下理解情绪障碍，那么就值得做这番努力。但首先必须要问，为什么这么多聪明的医生都不明白，为什么了解正常情绪的起源和功能对于理解情绪障碍至关重要。

基本错误

目前关于抑郁症的精神病学研究，证明了基本归因错误。它的严重程度和常见程度一样高。我被派去给一名因抑郁住院的年轻女患者完成评定量表。采访到一半时，她说："这些都出现在我被强奸后。"我发现她的表中没有提到强奸，所以问她医生是否知道这件事。医生说："知道，但并非每个被强奸的人都会感到沮丧。"这就像不是每个吸烟的人都会患上肺癌一样。

还没找到症状诱因就着手治疗症状，并非只出现在精神病学中。这种"视症状为疾病"（VSAD）的做法，在其他医学领域中也很常见。有时，医生会在不明所以的情况下，采用药物来缓解疼痛、呕吐、咳嗽和发烧。然而，大多数治疗咳嗽的医生都会仔细检查哮喘、心力衰竭、肺炎以及引起正常咳嗽反射的其他问题。他们认为，咳嗽调节系统失控是排除其他可能性的最后一种解释。治疗腹痛的专家寻找大肠激躁症、克罗恩病、癌症、溃疡和其他引起疼痛的问题，同时认为有可能是疼痛调节系统出故障。但情绪障碍会议上的专家，对如何寻找引起情绪变化的生活情境一无所知。他们都视症状为疾病。

　　这就有充分理由说明，为什么"视症状为疾病"的谬误更常见于情绪障碍。导致咳嗽和腹痛的问题是肉眼可见的，通过X射线可发现肺炎，做胃镜可发现溃疡。可是，影响情绪的情境往往是看不见的。抑郁症状就像从欲望和期望的无形间隙中冒出的蒸气一样。就这样似乎还不够有挑战性，不同个体有不同的欲望、应对挫折和失败的不同方式，以及避免不愉快的想法和情绪的不同方法。例如，修女受到"不洁思想"的困扰；某高管在一次重要提拔中被忽视；有位父亲的孩子正食用海洛因。这些人都在努力应对重大的失败，但情境却截然不同。

　　测量压力和列举生活事件都不足以说明影响情绪的特定生活情境。有时甚至长时间对话也还是不够。我花了一个小时与一名中年女性患者交谈，试图找出抑郁诱因，但最终无果。她没有失去什么、没有遇到挫折、没有婚姻问题，也没有滥用药物和其他常见原因。正要推门离开时，她说："其实，我记得自己开始抑郁那一刻的情境。""什么时候？"我问。"6个月前。我当时正要出门，手机响了，是我高中时的男朋友，很多年都没有他的消息。我们就简单问了声好，没别的。这也没什么大不了。但那天晚上，抑郁症状开始出现了。"

　　再次来访期间，我询问了她的婚姻和前男友的具体情况，她只说一切都好。也许她已经决定避免去想本会发生什么事情。也许是她的潜意识压抑了人生中有其他选择的想法。也许不过是个巧合，她的抑郁是自己归因于那通电话的自发发作。这时候如果有一种能查出生活问题的"生命镜"就好了，像胃镜能看到溃疡那样。

为什么精神病学被排除在外？

"视症状为疾病"是妨碍进一步了解情绪障碍的主要原因。生理学家研究发热和压力等特殊状态的演化起源和效用。行为生物学家和心理学家已经进行了大量研究，描述了影响情绪的情境，以及情绪变化如何影响思维和行为。然而，在精神病学中，"视症状为疾病"仍是常态。

为什么？有些人怪罪于行业把资金和奖励都给了打着各种口号宣传推销药物治疗的那些人，例如"情绪障碍是种脑部疾病"。我并非那么愤世嫉俗。许多神经科学家和精神病学家都有充分理由认为，情绪问题通常是由大脑异常引起的。重要的是，他们在诊所看到的大多数严重疾病，确实是异常大脑的产物。例如，双相情感障碍是种遗传性脑疾病，其中躁狂症状和抑郁症状会在通常与改变生活情境无关的周期中出现和消退。其他抑郁症状严重的患者，症状发作和消除也没有明显原因。有些人天生就会持续出现低落情绪或极端情绪反应，即便只是遇到一些小事。在这些情况下，由调节机制出现问题所致的过度症状确实是脑部疾病。

另外，还有许多患者都错误地将自己的症状归因于生活事件。我记得有名女患者坚持认为，当前的工作压力导致她出现抑郁。但深入调查后发现，她大部分生活都处在抑郁之中，她的兄弟姐妹和父母也是如此。在我处理过的许多婚姻问题中，情绪障碍似乎更多是婚姻问题的原因，而非结果。

但是，相反的错误也同样常见：有些患者以归咎大脑来避免承认生活出现问题。我记得有名年轻女患者想服用抗抑郁药，自称这"显然是化学失衡"，因为出现抑郁的那个月，她开始了新工作，收入翻倍。经广泛沟通后发现，过去十年中，她一直努力成为平面艺术家。而担任助理股票经纪人的工作，就意味着她的梦想破灭了。看到这么多患者会把症状错误归咎于生活事件或大脑异常后，我发现，无论患者如何笃定说出病因，我依然会持怀疑态度。

同样，人们也很容易忽视重要的生活问题。当有不熟悉的医生问："你最近有什么压力吗？"许多患者都会含糊其辞，避免谈及虐待、非法事务、赌博损失或处理孩子生病等问题，害怕这样的谈话会引起不安情绪，而且说了也没用。有人会小心翼翼地隐瞒问题的根源。一名严重抑郁症患者家庭稳定、工作不错，但治疗一个月后，仍不见有起色。后来，他有次在接受治疗的时候失声痛哭。最后哭得差不多了，他张口透露了一个令人悲痛的故事，讲述了和他相处多年、关系密切的秘密情人突然死去的事情。他连葬礼都没办法出席，也找不到人倾诉自己的悲伤。

粉饰生活情境的第四个原因是，了解得太细也不见得总是好事。简单的问题能解决，而导致严重情绪障碍的问题，通常都很难，甚至无法解决。一个男人经常受到有钱有势的岳父母的谴责和贬低，而妻子又很听父母的话。他无法想象离开妻儿的场景，可是努力让岳父母改观的尝试统统失败了。尽量减少与岳父母接触或有帮助，更好的是认识到他们的批评并不准确，抗抑郁药也可缓解症状。但是，他仍然深陷低落情绪而无法自拔，心里仅存一丝内疚地期待岳父母早日升天。

除了以上所有原因，低落情绪有用的想法似乎很荒谬。损失发生带来的悲伤已出现，所以低落情绪来不及起作用。抑郁、倦怠、社交退缩和抑郁的低自尊都会干扰应对能力。

低落情绪的案例中，主要由情境引起的占比多少，主要由人的特征引起的占比多少，两者均为起因的又占比多少？20世纪中叶，伦敦精神病学研究所负责人奥布里·路易斯（Aubrey Lewis）对抑郁症的原创经典研究给出了粗略回答。他对自己的61名严重抑郁症患者的详细记录进行分析，得出的结论是，约三分之一的抑郁症与生活事件无关，三分之一的人由于易患抑郁症而放大了消极经历的影响，剩下的三分之一因特定事件（如死亡或离婚）引起抑郁。[13]更多的精密研究也证实了他的基本发现。[14,15,16,17]绝大多数严重抑郁第一次发作都是由不良生活事件引起，但第三或第四次抑郁发作更可能出现在没有任何特定事件发生的情况下。[18,19,20]这种与之前生活事件无关的发作被称为"内源性抑郁症"（endogenous depression），与有发作诱因的"外源性抑郁症"（exogenous depression）相反。[21,22]然而，它们症状模式和对治疗的反应表现非常相似，因此，两者之间的区别被忽略，进一步助长了"视症状为疾病"的做法。

症状模式有助于辨别抑郁是由某件事情所致，还是来自范围更广、时间更长的模式。杰罗姆·韦克菲尔德（Jerome Wakefield）和马克·施密茨（Mark Schmitz）研究了不同人群的抑郁症复发频率。[23]

无并发症的抑郁症患者（症状持续不足两个月，没有自杀念头、精神病、无用感或行动迟钝）过后出现抑郁的概率，并不比其他人高。两位学者得出的结论认为，这种出现正常悲伤情绪的病例，与严重抑郁症的病例非常不同，严重抑郁症的特征是反复自发的"忧郁"（melancholia）。

情绪有几种故障情况？

认识到正常情绪变化的实用性，就有可能将医生遵循的框架用以了解其他障碍。有数十种机制共同调整身体以适应不同情境。出汗和颤抖可应对气温变化；遇到威胁会出现焦虑；血压会在出现威胁和做运动时增加，心情平复和休息后降低。什么是正常要取决于所处情境。血压读数为 170 / 110 mgHg（1 mmHg = 0.133 kPa）在休息状态是不正常的，但运动时却是正常有益。情绪高低是否正常也取决于具体情况。

调节系统出故障的 6 种情况。区分这些情况对了解它们至关重要。

调节系统出故障的 6 种情况

1. 基线过低。
2. 基线过高。
3. 反应不足。
4. 反应过度。
5. 反应由不恰当的线索引起。
6. 反应与线索无关。

基线水平过高或过低都很常见。血压低的人更容易晕倒，而不是在体育比赛中获胜。情绪低落的人[专业术语为"心境恶劣"（dysthymia）]遭遇很多不幸之事，没什么成就，常常得求助。血压高的人容易中风或心脏病发作。患有慢性高血压（轻度躁狂症）的人获得很多成就，不会求助他人；这些人就算出现情绪障碍也很难被察觉，恼火的家庭成员和同事除外。

即使基线水平正常，也有可能反应不足。如果站立时血压没有升高，就可能会晕倒。如果心情永远不改，那就是有什么问题了。缺乏低落情绪很少有人发现，除非看到患者就算经历让人瞠目结舌之事，也依然不为所动。在我们的丧亲研究中，有相当多人在配偶去世后未出现悲伤症状，但没有任何诊断适用于他们。[24,25] 多亏了积极心理学，高涨情绪不足终于得到了更多的关注。

反应过度则更为明显。运动会使某些人的血压飙升，他们有可能患上慢性高血压及其并发症。对轻微事件的情绪反应过度也很常见。我记得，有名女性患者说起在冰箱发现了差不多一升的酸奶时，痛哭流涕，还自责这是彻头彻尾的失败。这可能就是抑郁，但几分钟后，她又会对自己儿子加入乐队而欣喜若狂。边缘型人格障碍患者特别容易出现极端的情绪变化。伴侣的轻微面部抽搐或语气都会引发愤怒或抽泣。

不恰当的反应又是另一个问题。有些人看到血或针头，血压就会降低；患者晕倒在地后，我了解到了抽血的时候，不能让患者坐在高高的检查台。电视剧都很能煽情，但我有名患者在看了一集喜剧电视剧《脱线家族》（The Brady Bunch）后，还是心有不安，这病情就很严重了。

最后，出了故障的调节机制可能会导致明显的自发变化。突发的血压飙升和暴跌可能找不到任何理由。严重的躁狂症或抑郁症可以自行反复出现，与任何生活事件无关。

为什么情绪调节系统那么脆弱

情绪调节系统易出故障的原因和其他身体系统相同。故障有时显而易见，有时是现代生活环境所致，有时又反映了权衡取舍和自然选择的局限。每一种都值得考虑。

烟雾探测器原理解释了正常但仍算过度的某些情绪反应。低落情绪可节省能量，避免风险；高涨情绪代价很大，会招致危险。在结果难以预测时，低落情绪或能带来优势，特别是身处恶劣环境。认识到即使正常情况下，痛苦也可能毫无用处，是做出明智的治疗决定的基础。

有些情绪变化是以人类为代价，让人类基因受益。我们渴望拥有完美伴侣和激情四射的性生活，欲望得到满足便心生愉悦。但对许多人来说，这些欲望会慢慢滋生挫败感，让人心受煎熬。对地位和财富的急切追求，给少数人带来了巨大收益，但也破坏了许多人的生活。

我治疗或尝试治疗过许多心情沮丧的VIP患者，主要是公司副总裁和大学院长。对许多人来说，最主要的问题是野心过大，他们虽然也取得了实质性成就，但永远都不知足。认识欲望无法满足的事实，可以大大减轻痛苦。[26] 然而，发现可以轻易忽视这些欲望的人类祖先的后代较少，所以大脑仍会促使人类以有益于基因的方式去努力争取。

柏拉图有言，追求快乐，反而得不到快乐。佛陀教导，人的欲望永远都不会得到满足。每个宗教都提议人们如何摆脱"快乐水车"（hedonic treadmill），放下情感包袱。但是，这些就好比饮食建议：符合准则、初衷很好、丰富多样，但有充分的演化原因说明，这几乎不可能真正付诸实践。

现代环境的危险所在

由于我们无法抵抗丰富的食物，导致出现动脉粥样硬化、肥胖和高血压，但现代社会环境还提供了许多其他新的诱惑和麻烦事。狩猎采集者从未想过拼死拼活也要加入NBA，不会熬夜刷推特，从来不需要应付官僚机构，不会反复考虑是否要生孩子，也从未耗上几个月的时间办离婚。然而，他们确实也会感到沮丧。

20年来，我向多名人类学家同事咨询他们所研究文化中的抑郁频率。人类学家金姆·希尔（Kim Hill）与亚马逊丛林中一个叫Ache的部落共同生活了多年。每年他回来，我都会问他遇到过多少抑郁症患者。他每年都告诉我，尽管感染智齿、结核病和其他可能使任何人痛苦的健康问题都很普遍，但几乎没有见过有人抑郁。

大约到了第十次，我终于听到了不同的答案。他所在小组开办了一家医疗诊所。听到一个从未想到过的问题，他们也感到很惊讶。许多前来诊所的人都抱怨自己感到悲观、绝望、对事情提不起兴趣、胃口不好、睡眠不佳、消化不良、什么都不想做。他的观察结果表明，无论谁成为部落首领，都可能在几个月内带着焦虑和抑郁症状来到诊所。他的这段描述激发了我的好奇心。

我们与祖先所处环境的差异越来越大，变化也越来越快。有证据表明，情绪障碍在现代环境中可能更为常见。[27] 然而，经仔细研究发现，近几十年来，严重抑郁症的病例并没有增加。[28] 尽管如此，它仍然像一种流行病。药物广告大肆宣传和对此的耻辱感减弱，都使抑郁成为常见话题。宣传活动重点说明抑郁症很普遍。即便严重抑郁并没有增加，正常范围内的情绪低落概率却仍在上升。最后，记忆脱轨也会扭曲看法。一项大型问卷调查研究发现，年轻人自述抑郁症发作的次数多于老年人，研究结论为抑郁率肯定会迅速上升。[29] 然而，抑郁症的记忆似乎更有可能随时间推移而逐渐消退。[30,31]

容易忘记不愉快的时光，也可能使抑郁率看似低于实际情况。目前，美国的抑郁症患病率约为9％。[32] 在全球的148项调查中，任何一种情绪障碍的平均患病率按每年算为5.4％，按一生时间估算则为9.6％。[33] 然而，每隔几个月重新询问年轻患者的症状，都会得到不同的回答。一项针对威斯康星州女性的大型研究发现，24％的女性和15％的男性在20岁之前都出现过严重抑郁或心境恶劣。[34] 17岁到22岁的女性中，有47％曾一次或多次患有严重抑郁症。[35] 某一年，大学生群体中这一比例约为30％。[36]

虽然特定文化中的抑郁率在几十年内都趋于稳定，但各国情况差异很大。按一生时间估算，台湾的抑郁率仅为1.5％，而贝鲁特的抑郁率却升至19％。[37] 另一项研究发现，日本的抑郁率为3％，美国的抑郁率则为17％。[38] 为什么会有如此大的差异？这是情绪障碍研究的核心未解难题。[39]若能把各个文化的抑郁率都降到中国台湾和日本的1%至3%，这会比所有涉及治疗的抑郁患者还要多。家庭稳定和支持情况的差异可能很重要；价值观的差异以及对成功和竞争的期望也会影响情绪；饮食、用药、社会结构和共同信念的差异都可能有关联。某些因素组合定能解释抑郁率的巨大差异，因此应重点研究发现这些因素。

现代媒体为生活增添趣味，但也助长了社会攀比，引起不满情绪。[40,41]那些成名致富的生动故事，刺激了勃勃野心，不过很少有人能实现。无论是《唐顿庄园》(*Downton Abbey*)还是《与卡戴珊一家同行》(*Keeping Up with the Kardashians*)等电视节目里的角色，都很有吸引力，成功、财富和名气样样齐全，以至于其他人不免自惭形秽（或高高在上，或嗤之以鼻）。即使这些演员本人，也无望变成自己所扮演的角色。

媒体曝光滋生的不满情绪，不仅针对自己，还针对朋友和伴侣，他们也鲜能达到媒体宣传的那些人物标准。有数十项研究表明，在与更富有之人攀比时，人的情绪会迅速低落。[42,43,44]即使是在脸书上刷朋友的帖子，也不可避免偏向积极方面，这往往会让人对自己和自己的生活有更糟糕的感觉。[45,46]尽管在社交媒体上发布记录会引起不满，但几乎没有证据表明使用社交媒体引起病态抑郁率上升。但是，追求宏伟目标可能会有关联。

社会中最丰厚的回报都青睐一心追求宏伟目标的人。这通常会让生活失衡。在许多领域，奋力登上顶峰的代价是忽视自我、健康、伴侣、孩子和朋友。可能出现的问题为电视节目提供了素材，用名人的烦恼为群众提供幸灾乐祸的资本。名人杂志是对超级成功者的尊敬和给其他人的安慰，每期都建议如何致富、瘦身、增强吸引力和成名，还建议如何应对信心不足、焦虑和低自尊的感觉。

现代的物质生活也提高了情绪障碍的易感性。有了电，就有光，还有各种娱乐活动，这会扰乱睡眠；由肥胖引起的炎症增加[47]；mega-6脂肪酸过高也会增加抑郁症病例[48]；在现代社会，缺乏运动可能是抑郁症诱因之一[49,50]，增加运动一般都能缓解症状。[51]

休长假的前一周，我给一名深感绝望的新病患看诊。她患慢性严重自杀性抑郁症已有十年，行为疗法、认知疗法、精神分析和很多种药物全都试过，还是没有好转。她说为了治病，什么都愿意做。我问："真的什么都愿意？"她坚定地回答："是的，什么都愿意。"我告诉她，要坚持去健身房，每天至少一小时，尽自己能力跑步锻炼，然后到户外散步一段时间。我也没抱希望，但这是唯一没有尝试过的方法。几个月后休假回来，我收到一封电子邮件，那名女患者说给诊所前台打过电话，请前台转告我，她的抑郁症状已消失，对我感激不尽。

自然选择做不到的事情

即使在自然环境中，情绪调节机制似乎也容易出故障。其中一种解释是，有些事情超出自然选择的能力范围，比如防止所有基因突变。也许，出现情绪障碍源于突变，而突变只能慢慢从基因库中清除。大约三分之一的抑郁易感性变化是由遗传变异引起的。严重抑郁症患者的兄弟姐妹和子女的抑郁症患病概率要高达2.8倍。从一生时间来看，这意味着美国的抑郁症患病概率平均约为10%，但是，对近亲患抑郁症的人来说，概率会增加到30%。几乎所有这些增长都来自共享基因，养育家庭的影响力非常小。[52]

这一遗传证据的出现，鼓励大量研究调查疾病的罪魁祸首——基因。21世纪头几年的研究确定了许多可疑因素，但都被随后研究一一排除了。低成本DNA测序的到来改变了一切。一项大型分析汇总了9项研究的数据，重燃解密的希望。它分析了9 240名严重抑郁症患者的120多万个遗传位置，以及9 519名对照组受试者。然而，2013年发表的结果表明，120万个遗传位置中没有一个能可靠预测出谁会出现抑郁。[53]该报告作者都呼吁对更多同质人群进行更大规模的研究。

随后一项研究针对1万多名中国汉族女性组成的基因同质群体，寻找遗传变异，当中一半人患有严重抑郁症。研究确定了10号染色体上能预测抑郁率的两个位置。然而，这两个位置只能解释不到1%的变化。[54]对数据进一步分析后，还有显著发现：较大的染色体有更多的位置影响抑郁，相关性为60%。[55]这表明，抑郁症并非由少数染色体上的少数等位基因引起，而是由数千个相对均匀散布在整个基因组的等位基因引起。

还有一项更大型研究，针对超过30万人，采用了抑郁症患者的自我陈述数据，以及来自消费者基因组扫描公司23andMe的遗传数据。该研究的结果于2016年发布，确定了17个与抑郁风险略微增加有关的位置。然而，在上述针对中国女性的研究中所找到的那两个位置，均不在此列。

　　测量抑郁比血压或糖尿病更难。这能解释为什么这些研究都找不到影响较大的特定等位基因吗？或许不能。乙型糖尿病和高血压具有高度遗传性，但它们也没有产生实质性影响的常见等位基因。[56]易测量的身高也是如此。90％的身高变化是由遗传变异引起的，但没有影响大的"身高基因"（height genes）。2008年，针对13 665名受试者进行的一项研究发现了20个遗传变异，每个变异影响身高2到6毫米，但这些变异加起来仅能解释3％的遗传变化。[57]来自约2.5万人的所有遗传信息，解释了大约4％的身高变化。13万人的样本也只解释了10％。为能解释一半的身高遗传变异，需要95％的研究样本共计达到55万人。[58]数千种基因的变化影响身高、糖尿病、血压和抑郁症，但它们的个体影响微不足道，称这些细微影响为异常现象根本毫无意义。不应该寄希望于大多数重度抑郁症都由异常基因引起，需要采用新方法了。

控制论

　　如今，网络应用无处不在，而"控制论"是诺伯特·维纳（Norbert Wiener）早在1948年出版的伟大著作《控制论：关于在动物和机器中控制和通信的科学》（*Cybernetics: Control and Communication in the Animal and the Machine*）中讲述的特定科学方法。[59]书中描述了反馈机制是如何稳定血压、情绪以及稳定故障时的可怕结果。其中一章内容深刻，讲述了由反馈失调引起的精神障碍。

你老板给出了正反馈（positive feedback），不过"控制论"所指的正反馈有所不同，如恶性循环、滚下山的雪球和失控的卡车。认知治疗的创始人阿朗·贝克（Aaron Beck）和其他抑郁症专家已经指出，正反馈循环可能使抑郁症恶化[60]，但研究机制的真实情况仍需进行大量工作。正反馈循环会加剧抑郁症状。情绪低落的人会回家、关门、睡觉、不回电话和电子邮件。他们不跟任何人联系，很快就会觉得没人关心自己。营养不良和缺乏运动会加剧抑郁和孤立，引起螺旋式下降。

思考这种螺旋式下降是否更可能出现在现代社会，是个很有意思的问题。想到很久以前，人饿了就不得不出去找食物，于是会见到朋友，走动也能锻炼身体。今天，有的疗法鼓励克服缺乏兴趣的困难，坚持积极参与生活。这样一来能启动良性循环，利用活动改善情绪，从而带动更多活动参与，在螺旋式上升中恢复。[61,62]

有第一次抑郁发作，将来就可能有更多次发作。这被称为"点燃"（kindling），因为它就像小块木头能点燃熊熊火焰一样。[63]同样地观察到，癫痫性发作很容易反复出现。大多数第一次抑郁发作都是生活事件所致，但事件的影响会随每一次发作减弱，直到似乎无缘无故也会发作。[64,65]有时，这一观察结果表明抑郁症通过更多次发作来损害大脑。

"点燃"也可能源于机制使生物体适应不利环境。正如多次严重焦虑发作表明，危险环境下的焦虑大有裨益，多次故障可能反映出在不利的社会环境中，低落情绪更加有用。机制调整抑郁，以致遭遇不幸后更有可能出现抑郁，这或许是个特点，而非缺陷。[66,67]然而，其他解释也有可能。抑郁发作不利于人的社交网络。重要的生活目标遇到障碍，会导致抑郁，症状消失后，障碍可能还会存留，从而造成更多次抑郁发作。持续存在的问题可能不会列在生活事件的清单上，这让某些抑郁发作看似突如其来，但实际上由来已久。例如，某人的配偶依然酗酒；岳母仍待在家中，一如既往地挑剔；疼爱的孩子还是不会回电话。

双相情感障碍

　　双相抑郁症与常规抑郁症有别，躁狂症与快乐也迥然不同。[68]双相情感障碍是由情绪调节系统的根本性故障引起的。情境有变时，正常系统把情绪调高或降低，然后将情绪恢复到个人的设定点。我们努力争取新工作、买房子、选配偶，相信这最终会带来持久的快乐。情绪会暂时起作用，随后就恢复到以往水平。像恒温器一样，情绪稳定器使情绪保持接近设定点。

　　患有双相情感障碍的人心情不稳定。新机会来了，情绪会高涨，但不会回落。相反，更多的能量、野心、风险承担和乐观，让人设想到未来成功的情景，为更加宏伟的目标提供更多能量。在失控的正反馈过程中，躁狂兴奋的程度达到顶峰，仅因为生理疲惫，就有致命的危险。就在即将达到最高点之际，类似超载开关的功能通常会突然彻底关闭动力，使兴奋陷入沮丧。这种情绪还会自我消耗，数周或数月内，情绪都稳定在消极极端。这就好像缺少恒温器，只剩下两种状态的开关：要么情绪饱满高涨，要么动力完全消失。

现代环境下的恒温器不会在温度低于某点时，打开加热功能，也不会在温度达到设定点时，关闭加热功能。这会导致温度出现大幅摆动，因为恒温器开始加热后，温度仍会继续下降；同样地，温度回升到设定点后，热量还会继续增加。为了避免这些摆动，恒温器设有"预测器"，在达到设定点前几分钟，就打开或关闭加热炉。如果预测器损坏，则出现极端温度波动。预测器机制受损的现象，可以解释为什么有人情绪波动很大吗？这说明会出现比一般范围更大的波动，称为"循环性精神失调"（cyclothymia），但无法解释系统为什么陷入高涨或低落情绪。

设计控制系统的工程师发现了不停留在中间状态，而是在两种极端状态之间快速切换的系统，他们称之为"双稳系统"（bistable systems）。[69,70]最好的例子是灯的开关。要么开，要么关，不会介于两者之间。许多生物系统都是双稳系统。例如，细菌孢子的形成机制一旦打开，就会一直运行，中途停止可能致命。再举一例，两性的演化。具备优势的个体，要么有能存活久的大卵子，要么有数百万游速快的小精子。游速居中的中型配子不太可能成功繁殖，因此大多数物种都有两种性别。[71]双稳系统有意思的地方是，需要正反馈才能运行。系统一旦偏离中间值，正反馈就推至极端状态，好比灯的开关。这与双相情感障碍很相似。[72]

为什么自然选择让情绪调节机制特别容易失调？为了拓展前述猜测，我在想，情绪障碍的易感性是否与追求宏大目标的适应度益处有关。激发野心、鼓励奋斗的机制被选中，可能是因为它们偶尔为少数人提供巨额回报。这一假设预测，无论经历多少失败，许多人都会继续朝着大目标奋斗。许多患有双相情感障碍的人，似乎都无法放弃眼前做不成的事情。普通的低落情绪无法摆脱岌岌可危的处境时，积极情绪鼓励做出更大努力，最终陷入严重抑郁。

野心抱负的适应度优势可能有助于解释抑郁和情绪波动的易感性。野心抱负不仅意在受到认可和金钱，还渴望被赏识。成就会产生让野心膨胀的满足感，现代大众媒体以及父母和导师的善意鼓励都已经放大了这种野心。威廉·詹姆斯（William James）用简单公式说明了这一点，即自尊 = 成功 / 野心。[73]

双相情感障碍患者发病时，会认为自己的极端情绪是理性的。我遇到过很多这样的例子。

一名雕塑家确信会有数百名学生蜂拥至工作室，向她学习新方法。于是，她所有储蓄都用来租房子了，还对银行不给她提供工作室所需贷款感到愤怒。

一名企业家半夜醒来，灵感一现，想到空店面可以改造成第一家全新高级餐厅连锁店。他买了一辆奔驰车，打算用来将名人从机场接送到餐厅，但因为很多候选厨师都不愿跟着他干，所以，他变得越来越焦虑沮丧。

一名教授坚信自己高明的新方法可以预测股市。尽管遭到妻子反对，他还是用房子再抵押来换取现金。后来赔惨了，他就怪罪于竞争对手，说他们偷了他的方法，还操纵市场。

目标遇到重重障碍，进展缓慢，通常都会让情绪低落，以节省精力，重新考虑选择。躁狂症患者的这个系统没有开启；相反，迫在眉睫的失败，激发更多努力以实现更宏伟的目标。面对逆境，坚持不懈会得到广泛赞誉，但也可能导致严重失败。这种失败使许多患者自认为分文不值，看不到未来。那名雕塑家赖在床上，门也不出，说自己是骗子、没天赋，会沦为拎个挎包流落街头、靠收破烂为生的穷女人；那名企业家的奔驰车被银行收走，不停地想着自己再也不可能找到新工作；那名教授住进了医院，几天后就陷入了抑郁状态。患有双相情感障碍的人已经损坏了情绪调节机制，发作期间无法挽回的损失会让客观情况黯淡。

如果双相情感障碍只是某种特定疾病的话，那么倒还好，但它的边缘模糊，存在许多亚型。I型发作伴有严重的抑郁和躁狂，全球约有1%的患者。然而，双相情感障碍的范围扩大后，即包括更轻微的躁狂症，患病率就达到5%。[74]31%的重度抑郁症患者会出现轻微的躁狂症状。[75]

双相情感障碍的发作时间不可预测，会持续数周至数月，然后消失。该症患者发病期间，躁狂症约占10%，抑郁症约占40%，中性情绪约占50%。[76]问题最严重的病患会同时出现抑郁和躁狂症，即所谓的"混合状态"（mixed state），清楚说明了高涨和低落情绪并不仅是单一维度的对立面，两者可以同时存在。

基因不好？

双相情感障碍几乎完全可以用遗传变异来解释，遗传变异占易感性变异的80％以上。如果你的同卵双胞胎患有双相情感障碍，你患此症的风险是其他人的43倍。[77]如此强烈影响表明，应该有可能找到导致此症的等位基因。然而，正如许多其他遗传疾病的情况一样，没有常见等位基因对双相情感障碍具有实质性影响。

真是令人大失所望！然而，希望也不像寻找抑郁等位基因那样渺茫。在一些受双相情感障碍困扰的家庭中，特定的大段DNA仅在受影响的个体中缺失或重复。[78]这些大段DNA遍布基因组，不过，跟踪它们的功能，就有希望找到对引起疾病至关重要的基因或大脑网络。

拥抱机体复杂性的现实

最后，我们又回到恒温器和情绪稳定器。试图理解情绪障碍说明了人类倾向于将问题归咎于单一原因。把基因、个性或生活事件当作抑郁的主要原因，让这个问题看似更容易处理。然而，情绪障碍不仅有多重原因，而且这些原因之间会发生复杂的相互作用。这些作用通过不同途径，在不同个体，甚至不同时间段的同一个体中，导致症状出现。

这种复杂的现实情况日益受到认可。精神病学家肯斯·肯德勒（Kenneth Kendler）在一篇文章中深入探讨了抑郁症的"斑驳"（dappled）病因，列出了从基因到文化的11种诱因。他指出"相互强化的二分法"（mutually re-enforcing dichotomies），如心灵/大脑，"对我们的领域产生了极为恶劣的影响"，但并没有解释其研究结果。"相反，精神疾病的原因是斑驳的，广泛分布在多个类别中。我们应该放弃笛卡儿的二元论和基于计算机功能主义的二分法，因为它们不够科学合理，有碍于我们整合精神疾病的各种信息。"[79]

我们问为什么所有人的情绪调节系统，都会出现这样那样的问题，而不问是什么引发某些人的症状。我强调了高涨和低落情绪在有利和不利的情境下的作用，以及坚持追求无法实现的目标是如何使低落情绪加剧为临床抑郁症。但这也只是冰山一角。有时并非因为有追求，而只是生命中缺少了什么。[80]有时，抑郁源于无法实现的欲望。我们的欲望是自然选择形成的，无法对其置之不理，就像我们无法决定不吃东西。抑郁症的真正解决方案是，要么改变社会，为所有人提供机会，要么操纵大脑和思想来控制欲望。然而，自然选择远远走在我们前面。它已经创造了控制欲望和不满的方法；镇压和无意识的防御会在第10章中讨论。

这如何帮得上忙？

低落情绪是心理上的痛苦，抑郁症是慢性精神痛苦，这指导我们如何对它进行评估和处理。第一步，试图弄清痛苦是否由特定因素引起。调查发现，这一因素通常是无法放弃遥不可及的目标。许多这样的问题都源于"社会陷阱"（social traps），我的前同事约翰·克劳斯（John Cross）和迈尔文·盖尔（Melvin Guyer）写了本很有趣的书，就取名为《社会陷阱》。[81]例如，一名还有一年就毕业的女硕士生负债20万美元，无法支付学费或房租，也无法拿到更多贷款；一名政治家被旧情人敲诈，以泄露私密照来索取越来越多的封口费；一名艺术家想和拈花惹草的丈夫离婚，但这意味着她要找工作，还得放弃自己的工作室。社交生活常制造一些陷阱，从中逃脱要做出巨大牺牲。

你有没有试过走沼泽地时，先小心把脚放在沼泽间的草丛上，又接着找下一撮能踩的草丛？总会遇到那么一小块地方，稍微抬脚就往下沉，你满脚泥泞，又湿又臭，但环顾四周却没有看到哪条路线可以通往高点的地方，且不会陷入齐膝的泥坑。生活也会出现类似情况。抑郁症患者感觉自己正陷入一小撮草丛，通常会出于合理原因，害怕踏出第一步便落入泥坑。还没做好下一步打算就辞工或离婚，会让事情变得更糟。大部分治疗工作是帮助人们鼓起勇气做出改变，帮助他们在通往高地的途中找到其他小草丛。

认为低落情绪是有用的反应，抑郁是过度的低落情绪，有助于提供不同的疗法。抑郁症是由情境、对情境的看法和大脑引起的。三者可以通过治疗改变。然而，这三者都在诱因的交织网络中相互作用，因此仅解决其一会忽略许多治疗可能性。

这种观点对于理解抗抑郁药如何起效具有重要意义。抗抑郁药使"化学不平衡"（chemical imbalance）正常化的这一想法很吸引人，也有助于证明药物治疗的合理性，但没有证据表明，抑郁症出现任何特定的化学异常现象。抗抑郁药就像缓解生理痛苦的止痛药，是用来缓解精神痛苦的药物——扰乱了正常的反应系统。有人思考，影响不同大脑化学物质的抗抑郁药物是如何起作用。这不难理解。阿司匹林、对乙酰氨基酚、布洛芬和吗啡都在略有不同的疼痛调节机制环节中起作用。不同的抗抑郁药作用于情绪调节系统中的不同环节。这样的类比可以再往前推。我们缓解精神疼痛的策略，与缓解身体疼痛的策略一样有效（效果不大或适度），通常带有副作用和戒断风险，但对人类来说，这仍然是个巨大的福利。

遥不可及的目标追求与抗抑郁药对动力的影响方式，二者可能存在联系。它们似乎都是通过让一切看上去不那么重要，来破坏动力系统。它们会平息雄心壮志，让人觉得取悦他人也没那么重要。服用影响血清素的抗抑郁药的患者中，超过一半人会出现性欲下降和／或性高潮延迟或缺乏。[82,83]了解性欲下降程度较大的患者是否同时在情绪上获得更多好处，会非常有意思。

我记得，一名教授春季开始服用抗抑郁药后，中度抑郁症得到很大缓解。到了秋季，她复诊时说，教学压力再也不成问题。12月，她再次复诊时说，自己的情绪还是很好，但面临丢掉工作的困境。她变得太无忧无虑，以至于整个学期都没有给学生的论文或考试进行评分。于是，她决定停止服药。

认知和行为治疗也受到影响。通常，重新定义情境是最强有力的干预。被一声不吭就离开的配偶抛弃，可能引起痛哭绝望，也可能创造良机逃离不值得信任、不近人情的伴侣。认知治疗的新方法"走向元认知"（go meta），不仅试图纠正对特定情境的曲解，而且尝试澄清对整个情绪调节系统的误会，以及探索什么是生活中值得追求的东西。[84]英国心理学家保罗·吉尔伯特（Paul Gilbert）等人还描写了如何运用高明的演化思维来提高这些疗法的疗效。[85,86,87]

那人的特征呢？

我曾通过强调情境的作用，来反对心理学和神经学方法倾向于把精神障碍归咎于人的特征。然而，人在情绪障碍的感受倾向方面有显著差异。这些差异是先天造成的，还是经验所致，一直以来都是对 "先天存在与后天培养"（nature versus nurture）争论不休的焦点。"先天存在" 是主导现代精神病学的神经科学模式的基础，所以已经受到极大重视。然而，有大量文献描述了早期养育不佳（尤其是遭受了忽视和虐待）如何给人造成终生伤害。[88,89,90,91,92,93]

成千上万的治疗师致力于帮助这些患者走出这些阴影，或至少直视其影响。这种治疗的效果很好。在职业生涯早期，我会花几个小时试图发现以往经历塑造了每名病患什么样的个性和对问题的易感性。有时会产生颠覆性的见解。一名认为自己母亲非常善良的患者，意识到母亲早就开始不知不觉地伤害她；一名因父母离婚而自责的患者发现自己与此事无关；一名病患明白了，与父亲有过性接触，错在父亲，而不是她自己。

本书强调当前情境的影响。早期经历对心理问题易感性的强大影响同样重要，需要做很多工作来发现这些影响在多大程度上算作有用系统的产物，在多大程度上只是副产品。同样至关重要的还有，了解这些影响在多大程度上通过神经内分泌机制传播，相比之下，又在多大程度上通过影响所产生的、对他人和自己的想法来传播。当然，早期经历与人的先天因素相互作用，从而让某些情境可能发生。回顾我们已了解的、需要了解的早期经历如何影响心理问题，是个很重要的计划，远远超出本书的范围。

3

社会生活的乐趣与危险

第 8 章
如何理解人类个体

> 学术社会科学面临的最大问题或许是，可测量的东西通常不重要，而真正重要的东西却无法测量。[1]
>
> —— 乔治·范伦特（2012）

20世纪90年代，我每逢周二都在研究所和诊所之间来回跑，所接触的两种不同精神病学方法，既令人烦恼，又极具启发性。我早上待在社会研究所（Institute for Social Research）仔细查看数据电子表格。这些详细数据包括年龄、性别、收入、抑郁症状，以及来自数千人的数十种其他测量信息，目的是使用这些数据来预测谁会患抑郁症。

突然间有了大发现，某些组的数据相对较高。例如，在生命早期，女性的抑郁症发病率是男性的两倍。其他因素的影响较小，如子女数量、年龄、上教堂的次数、体重、种族、是否早年丧父或丧母、过去一年遭遇严重生活事件的数量。这个项目的统计工作很有挑战性，因为每个人都可以划分到很多不同却相互重叠的组别。例如，有健康问题的人更有可能早衰、单身、服药、无法上教堂；每个因素都会影响抑郁症，还会相互影响，难以弄清其因果关系。

到了中午，我要走过几个街区到精神病诊所，一下午都给病患进行单独治疗，并监督住院医生的工作。这个转变极为痛苦。我不像上午那样做些分组数学归纳，而是转眼面对着H女士。55岁的她，体形肥胖，顶着一头黄白相间的脏发，无望地落泪，边抽泣边对我说，因为她没理会丈夫的要挟，所以他真的自杀了，她现在也想自杀去见他；J先生抱怨说，他老想着老板会解雇他，一见到老板就会心跳加速。他说自己心脏有问题、情绪低落、想自残；自从选举受到恶意传闻的影响，另一个女人当选花园俱乐部主席后，K女士就一直待在家里，不听电话，什么事情都不做；35岁的L女士是办公室经理，进行抑郁治疗已有10年，但这个月的病情加重，几乎可以肯定是因为她停止用药，而停药的原因是，药物抑制了她的性高潮，而她又想重返情场。或者，抑郁症反映出她的直觉，她那位已婚新欢可能比前任更伤她的心。

每次下午出诊快结束时，医生、护士、心理学家和社会工作者都会针对每个病例进行会诊讨论。大家拥有的患者数据信息和我早上做数据分析使用的信息一致，包括每位患者的性别、年龄、婚姻状况、就业情况、健康状况等。诊所里是否有人运用这些数据找出每个人抑郁的原因？从来没有。相反，我们把每个病患的叙述编成故事，描绘这个人是如何出现了某个具体问题。

思考D女士的病例记录。

　　45岁的D女士是白种人，已婚，从事保险代理。她有两个处于青少年时期的孩子，丈夫是工程师。她向来有焦虑和轻度低落情绪的倾向，但症状在过去6个月里加重了，每周一到两次无缘无故大哭，通常在晚上。她的汉密尔顿抑郁量表（Hamilton Depression Rating Scale）得分为22分，处于中等水平。每周总有那么几天，她会凌晨四点就醒了，大多时候都能再次入睡。她的胃口变好，体重增加了10磅（4.5千克）。她大部分时间都感到疲惫不堪，没有自杀倾向，但说自己感到绝望，对她以前喜欢的活动都没有兴趣。她活跃于一个社区团体，但已经好几个月没参加了。她母亲也有长期焦虑问题，父亲是个酒鬼，有时也会感到沮丧。她想起自己以前经常挨母亲的骂，但从来没受过虐待。除高血压和长期无缘无故背痛外，她的健康状况总体良好。她说自己只是偶尔喝点酒。除了服用抗高血压药、布洛芬和用于治疗疼痛的PRN麻醉药，她每周约服用3次安定剂助眠。为供孩子上学，丈夫兼了两份工作。女儿在学校表现不错，不过儿子会让她操心。约6个月前，儿子因未成年人饮酒被捕，顺利的话，他六月份就高中毕业。她的诊断结果为严重抑郁、有婚姻和家庭问题、慢性疼痛以及可能滥用药物。

这份简短的案例摘要包含了能在她病历中找到的大部分事实，但没有说明是什么引发了她的抑郁。

她还回答了其他问题，说自己和丈夫吵架，被指责"就只会躺着，也不管管孩子"后，病情进一步恶化。她一失控大哭，丈夫便甩门离家。第二天，他就会打电话回来说要出差。她怀疑丈夫可能有外遇，又说自己真的不太想知道实情。话虽如此，她却整天想着丈夫可能与谁在一起，是否会离开她，如果离开的话，她会怎么做。她不敢与丈夫起冲突，担心他会提出离婚，还会为了监护权把儿子喝酒的问题怪罪于她。

这些令人心碎的故事，让我那繁复的统计模型看起来既冷酷又空洞。甚至医学图表中的临床总结，也常常不能完全解决个人的问题。我们在会诊讨论时构建的故事确实如此，但这些故事是正确的吗？

每逢周二晚，我常会头昏脑胀地回到家，就想喝上一杯烈酒。这一切太让人困惑了。早上，身为科学家的我，在探索患有抑郁症和没有抑郁症的群体有何差异。下午，披上白大褂的我，把探索研究都抛到脑外，和同事们一起把患者的详细情况编成可以解释其抑郁症的故事。这两种方法都不完全令人满意。

校长的解决方案

我在浏览网页时发现了一篇很旧的文章，为我答疑解惑了。1894年5月，哲学家威廉·文德尔班（Wilhelm Windelband）在纪念斯特拉斯堡大学（University of Strasbourg）成立273周年的庆典开幕式上致欢迎辞[2]。他没有选择在这种场合下经常听见的、美国大学校长吹捧自己院校的套话，甚至连运动队都没提到，也没有感谢那些慷慨的捐助者。相反，他做了个简短演讲，建立并阐明了两类不同解释之间的深刻区别。第一种基于一般规律，在任何时间、任何情况下都正确，如万有引力和经济学定律。第二种记录了特定事件的历史经过，这些事件解释了特定事物是如何发展成现在的状态，如月球的起源、美国的建国史。

他给这两种解释起了很花哨的名字。基于一般规律的解释通常正确，称为通则式概论法（nomothetic）（nomos 意为规律，thetic意为论点）；只基于历史顺序发展的解释，称为个案式描述法（idiographic）（idio 指个人的独特事件，graphic 指描述）。你也可以称作"概括"和"陈述"，但"通则式概论法"和"个案式描述法"都是很贴切的专业术语。

每周二早上，我都不知不觉地运用"通则式概论法"做研究，试图从大量群体的数据中提取出关于抑郁症诱因的一般规律。而到了下午，我又采用"个案式描述法"，试图了解一系列独特事件是如何导致个体现在出现这些症状。我的困惑源于没有意识到个案式解释和通则式解释是两种不同的方法。

1899 年，雨果·闵斯特伯格（Hugo Münsterberg）通过在美国心理学会（American Psychological Association）的校长致辞中，向"新世界"介绍了两者之间的区别。[3] 然而，直到他的学生、"现代社会心理学之父"戈登·奥尔波特（Gordon Allport）于 1937 年出版著作《人格》（*Personality*）之后，他的这一观点才得到广泛的认可。尽管他主张整合这两种方法，但奥尔波特还是因提倡"个案式描述法"而声名鹊起。他写道：

> 心理学一直努力发展成为完全的通则式学科。而个案式科学，如历史、传记和文学……都尝试去了解自然界或社会中的某些特定事件。关于个人的心理学从本质上说，也是个案式的。[4]

个案式解释是当前人文科学工作的基础，一直是心理学和社会学中的"定性研究"。但个体陈述在精神病学中却逐渐消失了。它们不仅出现弱化，还一直被强力清除，尽管临床医生聚在一起讨论病例时，都会使用个体陈述。许多期刊甚至不允许发表案例研究。个案式解释处境尴尬、反复不定，相比之下，与其相伴相生的通则式解释则客观定义、可量化变量、可反复验证、以统计概括，还能获得大笔经费。

有些临床医生干脆省略了询问个人信息这个步骤。他们用列表检查症状，把患者划入诊断类别，然后向患者推荐任何已对该类别有效的治疗方法。这种通则式方法可以节省时间、精力以及避免与个人建立关系所带来的情感纠葛。半夜来电少了。另外一些临床医生则试图了解每位患者的自身问题如何出现。以下是一些个案式陈述样例，将动机、策略和事件联系起来，为个体的抑郁提供解释。

W女士，中年人，有严重的家族抑郁史和长期的心境恶劣和广泛性焦虑症。过去六个月里，她变得消沉，对工作和性生活都没有兴趣。对她来说，重要的只有孩子，但她变得更加沉默寡言，孩子们也越来越让人不省心。丈夫不知道怎么帮助她，两人越来越疏远。

X女士一直生父亲的气，责怪他在自己很小的时候就抛弃家庭，导致她只能被经常外出工作的母亲抚养长大。而且她在家的时候，母亲都是一脸愁容。X女士长大后，一直对男性心怀怨恨，丈夫由于工作原因长时间出差也会让她郁郁寡欢。

Y女士的睡眠问题主要源于慢性疼痛，也有焦虑的因素。大约10年前，她开始使用苯二氮䓬类药物催眠，现在，如果不借助药物，她就无法入睡。有些晚上，她除了服药，还会喝上一杯。她发现早上很难起床，整天都很疲倦，有时候会因在工作时间打盹而遇到麻烦。丈夫怪她没做什么家务，也没照顾好孩子。

Z女士一直都把所有精力都放在孩子身上，让她丈夫惊慌失措，觉得自己被妻子遗忘了。多年来，她都挺满意这种状态。孩子渐渐长大，开始遇到问题，但他们都拒绝与她谈论自己的困扰。她长期疏远丈夫，与孩子缺乏亲密关系又使她感到无助和无望，因为她发觉孩子可能会遇到很严重的问题。

读完这4段陈述，你可能猜到这些描述都针对同一个人，就是我们在本章开头提到的D女士。所有5种解释都有合理性。如果由著名教授在案例会议上发表，每种解释都会有说服力。这就是问题所在，一个大问题。如果没有区分真假的方法，那么我们所做的就不是科学研究。但我们确实没有这样的方法。那怎么办？

有种方法是将每段陈述视为不同的假设，并查看哪个与事实证据最匹配。这可引起有趣的讨论，然而，没有哪个单独的故事是完全正确的，每个故事都突出了相关因素。我们能将它们全部加起来，称之为完整的解释吗？不能。有些因素比其他因素更重要，不同的故事表明了不同的因果联系。

个案式解释可以是科学的，它们是天文学和地质学的常规做法。

宇宙学依赖物理学的一般规律来大体解释恒星和黑洞，但解释某个特定的蓝矮星或红巨星，则需要探索特定某个恒星的发育、衰退和死亡的顺序发展情况。万有引力定律对于解释我们所见的月亮是必要的，但它们不足以解释某个特定的月亮是如何存在的。我们所看到的月亮，可能是由固结的尘埃或被捕获的小行星形成的，但是大量证据表明，约45亿年前，一颗火星大小的星团（Theia）擦过地球，撞飞了地球的一部分，最后变成了天上的月亮。[5]

地质学也经常使用个案式解释。解释山谷需要在某个特定地方、按照事件发展的特定顺序，在万有引力定律、水力学和气候学的一般规律的作用下才能形成。有的山谷源自冰川运动，有的山谷源自侵蚀，还有的山谷源自大陆板块漂移。每个山谷都有自己的解释，有时也涉及多种原因。

唉，心理学的个案式解释，比宇宙学或地质学更成问题。行为的规律不像万有引力定律那么具体，有多重原因相互作用才创造出选择和塑造自己环境的人。有些普遍规律很有用。简·奥斯汀（Jane Austen）的《傲慢与偏见》（Pride and Prejudice）中经典的开篇句常被人引用："有个举世公认的真理，那就是有钱的单身汉必想娶妻。"但宾利（Bingley），那个有钱的单身汉，有可能是同性恋，或是下流粗俗之人，又或是不想娶妻的独居学究。预测个人情绪和行为的方法，需要结合该个体的个案式详细信息和通则式框架。没有什么方法能做到这点，但从演化的角度看情绪却提供了好方法。不过，首先要确定标准方法。

研究生活压力

大多数精神病学研究都在寻找"为什么有些人生病，有些人不生病"的通则式概论。有人认为压力是诱因，但重点在于，是什么让某些人更容易产生压力 —— 基因、大脑的化学物质、早期养育、创伤经历、个性和思维习惯。与这种方法相反的是，观察那些"有弹性"的人，他们尽管经历了可怕事件，但还是勇敢前行。这表明，易受影响的群体出现了问题，如果能找到让人更有弹性的方法，就更好了。但无论哪种方式，全都关乎"人"。那"情境"呢？

情境在引发症状中的作用，通常会被简单理解为压力，而压力一般以生活事件来衡量。这掩盖了个人对事件的意义评价，是如何引起症状，但是也避免了混乱问题。如果询问某人焦虑或抑郁的诱因是什么，听到的都是关于虐待、遗弃、攻击和各种不良生活事件。到底得有多严重才造成问题？又怎么计算这些事件呢？

20世纪60年代，精神病学家托马斯·赫尔姆斯（Thomas Holmes）和理查德·拉尔（Richard Rahe）开启了生命事件研究的新时代。长期以来，他们的团队一直都遵循美国精神病学创始人阿道夫·迈耶（Adolf Meyer）的做法，制作一张生活图表，标明重大生活事件的日期以及它们如何对应症状。但是，这些数据很难用于研究。因此，他们换成了给人发一份列有43件可能发生的生活事件清单，要求他们选出自己所经历过的事件。只算出预测谁会生病的事件，即便是感染病。[6]通过量化这些客观事件，近期经历表（Schedule of Recent Experiences）取得了快速进展，发表了数百次。

然而，一件事情的价值远不止它是否已经发生。为了解细节，伦敦研究人员乔治·布朗（George Brown）和蒂里尔·哈里斯（Tirril Harris）制定了生活事件和难度量表[7]。量表管理需要花费数小时，学习使用量表则需要数周时间。每次访谈的结果都被转录，然后由没有见过患者的小组人员编码。在该过程结束时，每个事件都会被评为"严重"或"不严重"。这种煞费苦心的方法用在了伦敦的458名女性身上，得出了可靠的结论。除了第6章中提到的那些结论之外，他们还指出，获得伴侣支持等因素具有很强的保护作用。这项研究很好，但所用工具效率低下、鲜少有人使用。

从那时起，测量生活压力的方法稳步发展[8,9]，但仍存在重大挑战。[10]长时访谈的费用昂贵，因此大多数研究都使用清单。然而，最大的问题在于"压力"的概念。这个词助长了压力是一回事的观点，而认为"压力可以用压力激素水平来测量"的这一误解倾向也被放大了。试图将一个人的动机结构问题，折算成衡量"压力"严重程度的数字，好比试图将所有大脑变化折算成"大脑活动水平"的单一指标。

压力源的性质也得到了一些关注。例如上述所说，引起羞辱或诱骗的事件特别容易导致抑郁。[11,12]然而，情绪并非由事件引起；情绪源于一个人对事件与其实现个人目标的能力的意义的评价。[13,14,15]

演化及了解个体

有些人认为，演化的方法肯定强调关于人性的普遍化概括，但相反，它迫使多样性得到认可。不存在单一、正常的基因组、大脑和个

性。变化是内在固有的。关于演化和人性的激烈争论已持续数十年之
久。自然选择已经塑造出一个共同的核心，可使人性成为明智的理念
吗？还是说，这个理念是虚的，因为塑造它们的人和文化变化如此之大？

　　我们追求的目标普遍相同，如食物、朋友、性、安全、地位，最重
要的是子孙后代 —— 健康快乐的后代，还能自我繁衍。然而，人们会
以不同的手段优先考虑，并以不同的方式追求这些目标。约翰把全部
的精力用于争取名望和赢得赞赏，连个恋爱都不谈；玛丽对孩子的关
心远远超过其他一切事情；杰克花费大部分时间让自己的体形变得更
有魅力；莎莉渴望致富，她是以牺牲朋友、家人、爱情和健康为代价
来获取成功；唐娜每周忙活70个小时，一半时间用于工作，其余时间
都在照顾她年迈的母亲；山姆每天都打18洞高尔夫球，整晚谈论他的
比赛；瑞秋致力于教会宣教工作，希望其他人也像自己那样，从她的
信仰中找到平静和意义。

　　我们大多数人都尝试过些均衡的生活，将资源分配给许多生命事
业，追求许多目标。我们没有足够的时间和精力来做所有事情，但还是
得硬着头皮扛。然而，在精神病学急诊室，你会看到很多人都处在目标
无法实现的情境中。孩子生病、父亲放弃了家庭、汽车无法启动又没
钱修理、找个保姆、老板上周警告再缺勤就再也不用上班了 …… 引
发症状的不仅是一件事或压力，而是这种不可能完成又必须完成的事
情的情境。我记得曾尝试帮助一对患抑郁症且有婚姻问题的年轻夫妇。
他们在同一家杂货店工作，领最低薪资，轮班12个小时，因此，总有
一个人可以待在家里照顾他们的3个孩子。他们只看到对方来去匆匆
的背影，或者偶尔放假能见上一面，债务和挫折感都在逐月累加。

影响他人的策略，与价值观和目标的差异同样显著。彼得通过不断警告他们随时会被解雇来控制员工；莎莉因其热情和幽默感而深受喜爱；丹遇事都要商讨，期望别人像他一样理性和尽职尽责；山姆的威胁方式让其他人都小心翼翼，生怕惹恼了他；格特鲁德生性友善，但却暗中散播竞争对手的流言蜚语；比尔时而没有完成分内工作，但他的幽默感还是使他很受欢迎。你也可以称此为个性，但人们影响他人方式的多样性，使生活变得有趣，也让情绪研究困难重重。

除了价值观、目标和个性的差异之外，人们对成功和失败的反应也不同。有些人将结果归功于自己的努力，成功时很好，但不成功就瘫了；有些人经常责怪别人；有些人对承认失败难以启齿，他们否认失败，然后继续努力；还有些人迅速退出，将努力转移到其他地方。

这些不同的目标、策略和个性充其量会让预测人的情绪状态变得困难。通则式方法测量个体群体的几十件事，并对数据进行分析，预测谁会在什么时候有什么感受。得出的普遍性概括结果，并不能预测特定个体当下可能正在经历的情绪。个案式解释更丰富，但不可靠。心理治疗师花好几个小时来听每个患者的陈述；小说家用几个月来字斟句酌和构思情节；其他人则是讲述和聆听故事，试图理解自己和他人的生活；而研究情绪的科学家还在思考该怎么做。

社会系统审查

如果出现疲劳等常见症状咨询医生，她可能会问你一大串问题：有慢性咳嗽吗？消化怎么样？爬楼梯吃力吗？这些问题似乎与病痛无关，但你的回答可以表明呼吸系统、胃肠系统或心血管系统是否有问题。胃痛或表明存在出血溃疡，造成贫血，从而引起疲劳。为了确定这些因素，医生会进行所谓的"系统审查"，提出约30个标准问题。系统审查的重要性在于避免忽略可能原因。

类似的系统性社会系统审查（ROSS）对于识别情绪症状的起因同样重要。但是，哪些系统需要审查？不同的社会系统不像肝脏和肾脏那样，有确定的界限。然而，研究动物行为的科学家识别出了有机体寻求的几种不同类型资源。健康、吸引力和能力等个人资源至关重要（🕴）；食物、住所和钱等物质资源（💲）也必不可少；现代人通过工作或其他社会角色获得这些资源（🛠）；寻找、给人印象和照顾伴侣同样需要付出巨大努力（❤）；所以，要努力帮助和保护后代及其他亲属（👪）；最后，结盟和在团体中担任受认可的角色（☺）是达尔文适应度的关键所在。这六类资源为：🕴💲🛠❤👪☺

花费时间和精力来获得某种资源，就无法同时获得其他资源。到离家远的地方觅食会获得更多食物，但也会带来危险。时间花在照顾孩子上，就无法兼顾工作或结识潜在的朋友。即使没有精密的意识思维，大脑通常也能恰当地分配精力。所有动物，从蚜虫到斑马，都能做这样的决策。

情绪是决策系统的一部分。导致某个人的特定情绪的原因很难确定，但系统地搜查仍然必不可少。有数十份调查问卷和结构化访谈可用于收集相关信息，但其中很少意在捕捉人类在追求其个人目标时情绪是如何出现的动态。简短问卷从来得不到详细信息；长时访谈虽能获取大量信息，但管理起来不切实际、难以总结。

阿氏评分（Apgar）正好符合所需。[16] 产科医生维珍尼亚·阿普加（Virginia Apgar）意识到了需要一个简单系统来记录新生儿的状况。她的名字刚好是五类信息的首字母缩略词：外观（Appearance）、脉搏（Pulse）、面部表情（Grimace）、活动力（Activity）和呼吸（Respiration）。根据婴儿的情况，每个记录为0、1或2分。事实证明，这个简单的分数在记录婴儿的状况和预测结果方面具有宝贵价值。

对人类至关重要的资源，对其他生物体也同样重要，只是要增加一项：人具有专门的社会角色，这些角色受他人重视，通常会为此支付酬劳，那就是工作。SOICAL 和 Apgar 一样，也是令人难忘的缩略词，用来记录跟踪在进行 ROSS 时需要考虑的资源。

社会系统审查

社会资源（Social），包括朋友、群体和社会影响力 😊

工作（Occupation）；通常是带薪工作，但许多其他社会角色也受到他人的重视 ✗

子女（Children）和家庭，包括亲属 👪

收入（Income）和物质资源 $

能力（Abilities）、外表、健康、时间和其他个人资源 👤

亲密关系中的爱（Love）与性 ❤

分析人的动机结构，需要回答关于每种资源的若干问题。你是否有可靠方法来获取足够资源信息？这类资源对你有多重要？你的欲望和拥有之间是否存在差距？在这个领域，你主要想做、得到或阻止的是什么？你是怎么付出努力的？最近有损失、收益或其他变化吗？遇到什么重大机遇或威胁了吗？你是否难以决定在该领域怎么做？是否有些你想要完成，但是没有成功的重要事情？总体而言，你在这方面的努力前景如何？

像这样，综合评估人的动机结构很有价值。更长时间的结构化面试（如埃里克·克林格建议）很有研究价值。[17]然而，一次完整的ROSS需要至少一个小时。时间和精力有限，不可能总是询问完每个领域的所有问题。对于忙碌的临床医生来说，像Apgar评分这样既简洁又简单的量表必不可少。

目的是要找出可能导致症状的问题。这需要确定每个生活领域的可用资源是否充足，问题的严重程度。拥有大量资源的人可能会遇到很多问题，因此需要单独记录其资源和问题。例如，肯定能找到配偶的、有吸引力的年轻人，有时会因是否与现在的伴侣结婚受到精神困扰。那些能力、吸引力和总体健康状况良好的人，当下可能因对未来的担忧而挣扎。我记得，有名才华横溢的科学家来接受治疗，是因害怕死亡而导致了瘫痪。35岁的他已经成为动脉粥样硬化的世界级专家，在一所顶尖大学任职，并受邀环游世界。然而，没人知道，他的父亲和兄弟姐妹在40岁之前全部因心脏病发作而死亡。此外，还有百万富翁由于负债累累，无法还上抵押贷款。每个领域都存在有成就的人，因预期过高而失败。

像Apgar那样的计数打分对研究很有帮助，但我不鼓励在一般情况下采用计算资源总分的方式，因为它可能会产生误导和伤害。对其他人的外观用1到10来打分就已经够过分了；用数字来比较人们的生活资源就更不像话。然而，认识到个体动机结构的复杂实况，对于理解症状的起源至关重要。为了以委婉有效的方式获得所需信息，我采用了以下问题，当然，一直都会根据个体进行调整。

关于每个生活领域情况的询问问题

社会：你有花时间陪伴的朋友和团体吗？他们欣赏你吗？有什么大问题吗？

工作：你的工作怎么样（或其他主要社会角色，如育儿或志愿者工作）？令人满意吗？稳定吗？

子女和家庭：你有孩子吗？他们怎么样？对于没有孩子的成年人，我会问：你觉得这样好吗？会与哪些家庭成员紧密联系呢？他们怎么样？

收入：各方面的经济状况如何？有债务问题吗？

能力和外表：你是否有什么重大健康问题，或担心自己的外表或能力？

爱与性：你的主要关系情况如何？

　　除了记录每个人得到每类资源的机会，以及每个方面的问题程度之外，我还使用一到两个情感词来概括每个方面的整体情况。令人惊喜的发现是，我们有词语可以非常恰当地描述追求目标的各种情境。

每个领域不同情境的情绪状态

· 对新机遇感到兴奋（excited）

· 大部分时间在这一领域都很满意（satisfied）和安全

· 希望（hopeful）未来的成功将缓解目前的不满情绪

· 由于无法实现该领域的目标而不满意（dissatisfied）

· 担心（worried）有可能遭受损失

· 失去后悲伤（sad）

· 对这个方面的做法感到困惑（confused）

- 为遇到妨碍目标实现的困难感到沮丧（frustrated）
- 由于重要目标进展缓慢或无进展感到挫败（demoralized）
- 等待（waiting）更好的时机来实现这一领域的目标
- 接受（accepting）无法达到该领域的目标
- 陷入（trapped）追求无法实现的目标
- 在未能达到该领域的目标后情绪冷漠（disengaged）
- 因该领域的目标现在不相关而不感兴趣（uninterested）

在临床会议上讨论案例时，我们有时会尝试使用ROSS来增进对人的生活状况的了解。它改变了我们对许多患者的看法。有些患有严重精神疾病的人仍有朋友、工作、亲戚、收入、能力和稳定的伴侣。一名严重强迫症女性患者每天花几个小时洗手。丈夫为此感到沮丧，因为她浪费很多时间，她的症状对他们的社交生活也造成了困扰，但总的来说，他还是给予她帮助和鼓励。尽管出现这些症状，她仍然工作、照顾孩子、与朋友保持联系。这类患者通常会有好转。

有些人的情况却糟得多。一名极度沮丧的年轻女性患有严重的多发性硬化症。她独自一人住在小公寓里，靠微薄的残疾补助金过活。由于无法操作轮椅，她无法四处走动，没有工作、朋友、亲戚和群体，也无处可去。处于这种困境的人，服抗抑郁药也没有多大用处。

ROSS不能替代用于测量症状或生活事件、经过验证的仪器，也不能像长时临床访谈那样收集到相同类型的丰富信息。然而，它确实将个案式信息带入了通则式框架。ROSS可用于找出厌恶情绪的诱因，就像全科医生采用系统审查来寻找可能的疼痛原因一样。

类似于ROSS的方法，结合了个案式和通则式的方法[18,19]，应该比单纯使用这两种方法能更好地预测治疗反应和复发率。ROSS费劲收集的激励情境类别，可能有助于证明抗抑郁药物的有效性，并能促进神经科学研究。例如，那些近期遭受失败而导致抑郁症的人的脑部扫描，可能与那些因追求无法实现的目标，而导致抑郁症的人有所不同，还可能与那些一直无缘无故抑郁的人也存在差异。那些因追求无法实现的职业目标而抑郁的人，相比那些丧亲或患有感染的人，使用抗抑郁药的益处也有明显不同。将另一种适度有效的抗抑郁药推向市场的成本约为20亿美元。[20]而将ROSS发展到能为不同生活情境中的人评估药效，以及获取神经科学发现，只需这个成本的1%。

陷入社会陷阱无法自拔的人，自杀的可能性高；运用ROSS识别出这类人，可能会挽救生命。旧金山社会工作者海伦·赫里克（Helen Herrick）组织了一次夏季体验活动，鼓励本科生考虑心理健康专业。我很幸运能参与其中。我们都住在精神病院的庭院里，任务是"尽可能多地观察"。这种体验具有颠覆性，成功说服了我成为一名精神病医生，但也让我永远都不会只从精神科医生的角度看问题。了解赫里克对金门大桥自杀受害者家属的研究，也对我造成了巨大影响。她最初采取了通则式方法，试图找到所有受害者的共同因素。但在数百次采访后，她得出的结论是，永远没有足够的普遍性概括。有些人醉酒时会上蹿下跳、极力表现，但其他人却心生愧疚；有些人寻求报复；有些人会随挚爱而去；有些是因为焦虑、抑郁或精神病；有些则是因为痴呆症或晚期癌症。她的结论是，个体需要被当作个体来理解。我被她说服了。

　　ROSS得到的数据可以用图表来说明人在生活中的精力分配和资源流动。例如，以下左上图说明了一个普通的复杂生命，这一复杂矩阵中的每类资源都对其他资源起作用；右上图为工作狂的示意图，将所有精力和时间都投入到工作和挣钱中；左下图表示该人的精力几乎完全投入照顾孩子，而且这也是他努力工作和增加收入的唯一目的；最后一幅图指的是热衷派对的人，他们花费大部分时间用于努力获取更高地位和建立关系，主要是性关系。这些都是截然不同的生活，不同的事件对情绪的影响截然不同。

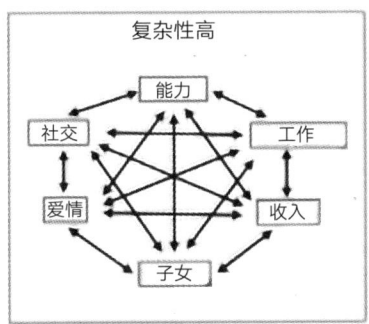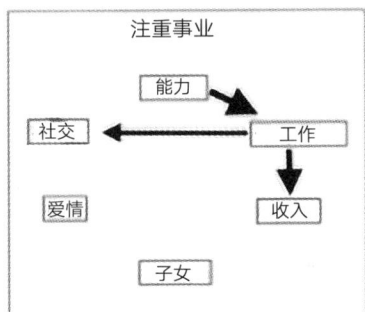
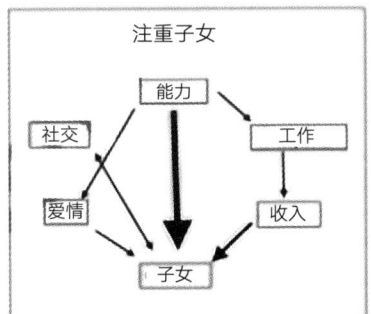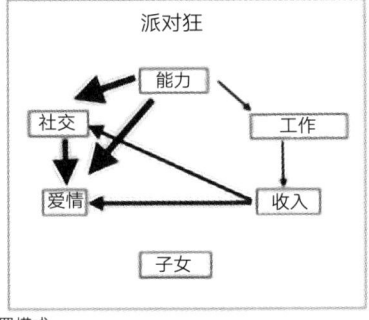

资源配置模式

了解你的患者，然后呢？

回到那个等式的另一半：人的特征怎么办？我在诊所见过的约一半患者，目前的生活状况似乎与其症状无关。对于他们很多人来说，社交焦虑是个终生存在的问题，特定事件没有产生太大影响。有些抑郁症患者总会出现症状；有些患者在遭受某个特定创伤，彻底爆发前一直都很好。研究人员和临床医生充分意识到，有可能受影响的群体遇到压力情况时，大多数问题都会出现。这就是所谓的"压力素质模型"（disthesis model），"素质"（disthesis）就是"易感性"（vulnerability）的高级词汇。[21,22]

敏感类型的人具有他人无法缺少的情绪反应。那些非常关心自己工作的人，工作遇到问题就会出现症状，但婚姻遇到问题时，出现的症状却没那么强烈。著名的心理学家和积极心理学研究者爱德华·迪纳（Edward Diener）进行了一项研究来证实这一点。他表明，对个体来说特别重要的领域发生变化，对主观幸福感的影响更大。[23]

演化的观点不是把症状归因于压力、事件或人的特征，而是提出了类似其他医学领域使用的方法。例如，关节疼痛可能有很多原因。它可能是由于工作中的反复运动、坐姿不正确或某些特殊的运动养生法造成。其他关节疼痛是由感染、类风湿关节炎或红斑狼疮引起。医生通常不仅仅检查关节上的"压力"和炎症如何引起症状，还要观察特定个体特定关节引起疼痛的特定种类情况和机制。

　　某些生活情境导致某些类型症状的概率很高，以至于很有可能被定为诊断类型。例如，子女患癌，配偶有外遇，性伴侣为已婚人士，配偶是酒鬼、有暴力倾向或两者兼有，遭遇性骚扰，被指控性骚扰，单亲父母没有足够的钱或社会支持，某人正在与慢性衰弱性疾病作斗争，员工被老板苛待。我们与朋友交谈，或者临床医生在团队会议上谈论案例时，他们都依仗这些类型。ROSS 能测量这些情境，并分析它们是如何影响症状和治疗反应。

　　但这些分析仍然过于简单。人的个性截然不同。他们创造了自己所处的情境，这种情境又进一步塑造他们自己。这些情境经常能自我稳定。那些怨恨和愤怒的人会激怒周围的人，证明他们的世界观。相信人性本善的人常常发现世界就是如此美好，有时是因为他们给自己创造出这样的世界。但试图改变个人的世界观，就像试图替换高层建筑中的大梁一样。没有多少逻辑或参数能给予太多帮助。真正起作用的因素正在建立一种前所未有的关系，这种有时发生在爱情中，有时发生在学校或工作中，也可能发生在良好的强化心理治疗中，特别是当患者开始认识到他们是如何创造折磨自己的情境。人可以做出根本性改变，帮助他们做到这点，虽然举步维艰，但能带来满足感。

第 9 章
内疚与悲伤：行善与爱的代价

> 自然给社会造出人类时，不仅赋予其原始的欲望以愉悦同人，还赋予其原始的厌恶以冒犯手足。[1]
>
> —— 亚当·斯密（Adam Smith），
> 《道德情操论》（*The Theory of Moral Sentiments*），1759

我们的道德和爱的能力，以及信任关系，都是人类的性状，与语言和非凡智慧一样独特。我们把热忱稳定的关系视为正常和自然状态，因此主要针对关系问题做出解释。临床医生将这些问题归因于关系动态和个体性格，包括经常有损婚姻和家庭的精神障碍。与其他医学领域一样，焦点在于为什么问题只在某些人身上出现。

到现在为止，你会预料到演化的观点鼓励提出更基本的问题 —— 人类究竟为什么要社交？为什么觉得成为团队的一员如此重要？为什么如此在乎别人对自己的看法？内疚的能力如何带来优势？为什么会感到悲痛？得到这些答案之前，需要先解决一个常见问题：帮助他人的倾向如何有可能提供选择性优势？这道谜题并非讨论为什么部分人会遇到关系问题，而是思考爱与行善如何让机体的达尔文适应度有可能最大化。

20世纪大部分时间里，生物学家都认为，之所以演化出合作倾向，是因为它们对群体有益。拥有更多利他个体的群体，比其他群体发展得更快，因此似乎合作倾向会脱颖而出。这种稚拙的观点于1966年被推翻，乔治·威廉姆斯指出，特别是利他主义者，拥有的后代比其他人的少，所以利他主义的等位基因会被淘汰。这个观点的争论主要限于生物学范围，直至1976年，理查德·道金斯（Richard Dawkins）[2]出版了《自私的基因》（The Selfish Gene）引发了一场知识风暴，现在仍在呼啸。[3,4,5]

很多人都愤怒指责道金斯，反对他说"不可能有利他主义"的观点。还有人很高兴，终于看到有人支持他们愤世嫉俗的生活观。大家对这一争议的种种反应，都是心理动力防御的示例[6]。道金斯在书的最后几段提出，了解自私的基因会提高我们的自控力，超越冲动，他还大篇幅喻指我们就像机器人一样服从自私基因的支配。

塑造大脑的目的是使人类行为有益于基因，这种想法让人深感不安。第一次意识到这点时，我好几个晚上都睡不着，一直思考我的道德冲动只是听从基因吩咐的操纵行为而已。这个核心想法似乎必然正确，但与我认为在病患、朋友和自己身上看到的内疚、社会敏感性和真诚的善意联系起来，就很奇怪。我在诊所和其他地方行善的意图，只不过是基因以微妙的方式，让我为它们谋利而已吗？从基因的角度来看，即使是内疚和道德激情，也看似自私。道金斯似乎找到了原罪的演化解释。

这不是一个晦涩难解的学术问题。人的信念会改变自己的行为。

自私基因争论的白热化时期，某天晚上，我坐在壁炉旁，和拥有演化思维的同事一起策划项目。每个人都毫无歉意地轮流说："我会帮，但只在对我个人有利的情况下。"人性天生自私的想法在腐蚀社会，它的传播会让生活变得比现在更加孤独和野蛮。我担心这个想法可能正在蔓延，也可能已经改变了社会现实。

经济学家很重视这个问题，马特·雷德利（Matt Ridley）和罗伯特·弗兰克（Robert Frank）很快就考虑到了这些影响。[7,8]弗兰克发现，经济学课程降低了学生参加公共广播和捐献血液的意愿。[9]

在诊所中明显看到，患者对人性的看法会影响其生活和遇到的问题。为了尽快了解个性，我在测试中只设了一个问题："可以说说你是如何看待人性的吗？"成功治疗最鼓舞人心的答案："大多数人都可能善或恶，很大程度上取决于具体情况。"但更常见的答案说明，人类强烈倾向于把大多数事物，包括人类，都判断为总体向善或恶。回答类似"大多数人都很好，他们都尽力做正确的事"的人，往往是神经症患者，在治疗关系中表现不错。但那些说"大多数人都是自私的，不然呢？"的人，往往在保持亲密关系方面不太顺利。

这类信念会自我延续。有信任能力的人与同类人结对，有望发展关系巩固他们的积极期望。他们会远离愤世嫉俗的人。因此，那些认为别人都是自私自利的人，他们身边的伙伴往往都不会信任别人，通常也不值得人信任，刚好也证实了他们的观点。我记得有场关于利他主义的晚宴谈话，那位愤世嫉俗的贵宾说："所以，这一生中，你们有谁真正遇过利他行为？"所有人都无语了。

人人都捍卫自己的世界观。那些相信人性本恶的人，会排除利他主义和信任关系的可能性。在治疗中，他们可能会付出相当大的努力来证实自己的信仰。"你这么做不过是为了钱"的试探很常见，午夜来电要求上门防止自杀的挑战更是难上加难。

密歇根大学生物学家理查德·亚历山大（Richard Alexander）著有关于人类道德演化的第一本书[10]，讲述他通过描述自己走在路上都要避免踩死蚂蚁，尝试说服导师认为他是个利他之人。他的导师回应说："或许是吧，如果你没有吹嘘此事的话。"

将社会生活视为自身利益的产物，让他人极为反感。我问过很多宗教人士，为什么反对教授演化生物学。他们最常见的担忧是，演化生物学会破坏道德行为的动机。这一点几乎就是空穴来风。在离婚、入狱或以其他方式违反社会规则方面，非宗教人士和宗教人士的情况相差无几。[11,12,13]然而，许多人却告诉我，他们控制自私冲动的能力，取决于对上帝的信仰。如果这样有用，为什么还会有人想要干预呢？

乔治·威廉姆斯比其他大多数人更受困于自己的想法。对该影响思考多年后，他得出了可能最暗黑的结论："自然选择……老实说可以被描述为是将目光短浅的自私最大化的过程……我把道德解释为一种意外出现、愚蠢至极的能力，产生于正常来说反对这种能力表达的生物过程。"[14]讽刺的是，乔治本人恪守道德规范。1957年，他与妻子多丽丝（Doris）发表文章[15]论述亲属选择，他本可以大肆宣传，但并没有这么做。他总是很愿意和我分析成果。但除了"选择会塑造最大化个体适应度的行为"外，他找不到其他符合逻辑的观点。[16]

尽管讨论了数周，乔治仍然没有说服我相信他的观点。也许我的文化背景使我无法接受这个不愉快的事实。作为传教士的孙子，早期接触过各种教会，我一直认为大多数人都与生俱来拥有强大的道德能力。选择一个帮助别人的职业，让我接触到许多有动力去做好事的人。与焦虑症患者一起工作，进一步塑造或扭曲了我对人性的看法。大多数此类患者都是抑制、内疚、对社会敏感的人，他们很努力想做正确的事。随后的经历让我有了更为世俗的观点。我不知道，还有人能够直视着你许下诺言，却无意信守。但和他人一样，我也捍卫自己的核心纲要，所以会更加注意道德行为，希望取悦别人，而不是变成欺骗和自私的人。有的人则有着截然不同、不那么幸运的生活经历。

为了解决理论与观察之间的冲突，我加入了大批科学家行列，寻找合作与道德情绪的演化解释。研究者提出了很多不同解释，大多数都偏向其中一种。这种求简方式引起了许多不必要的争议，这种情况下，几种不同解释都相互关联。我在此提出合理警告：以下对可能的解释进行评述，发现很多解释都很重要，我也像大多数人一样，突出建议其中一种。

首先，合作的起源概要。（1）对由无关个体组成的群体，其所得益处无法解释人类极端社会能力的演变。（2）对拥有相同基因的亲属，其所得益处解释了最无私的行为。（3）非亲属之间的明显合作，只是个体在做既自助也助人的事情。（4）非亲属之间的广泛合作，主要通过互惠交易来解释。（5）互惠系统为建立良好声誉而塑造了代价高昂的性状。（6）前五种解释阐明了大多数有机体的大多数社会行为，但并非全部。它们代表了人类知识一次壮观的根本性进步，尽管无法完全解释人类对承诺和道德行为的能力。文化群体选择、承诺和社会选择对解释做了重要补充。不过，首先要多了解群体选择。

群体选择Redux

有学者认为，群体选择毕竟还是有用的。[17]经典群体选择是增加等位基因频率的过程，这些等位基因会诱导行为降低个体的适应度，但会使一群无关的个体受益。群体中愿意自我牺牲的个人越多，该群体就比其他群体增长得越快，因此群体选择可能存在。但是，只有在以下3种特殊情况下，这种倾向的等位基因才能持续存在：拥有更多合作个体的团体，必须比合作个体较少的团体发展快得多；具有助人的等位基因的个体，必须比群体中其他没有这些等位基因的人少一些；最后，群体之间的个人交换必须受到限制，否则不会帮助的个体将进入群体，它们的等位基因将取代会帮助的等位基因。[18,19]这些情况很少同时发生。这种群体选择很弱，无法解释代价高昂的性状。史蒂芬·平克（Steven Pinker）在一篇论文中详细阐明了原因。[20]但是，包括一些演化精神病学家在内的大多数人都认为，群体选择在直觉上是正确的，在情感上也很有吸引力，所以在描述人类非凡的合作和道德能力的另一种解释之前，我会先在群体选择的局限方面多说两句。

科学家的共识是，非亲属的群体选择无法解释使道德成为可能的人类遗传倾向，但争议仍然存在。这部分是因为合作演化的模型在亲属选择，或群体选择这两方面都可以构建得很好。[21,22]大多数专家认为亲属选择更有用[23]，而少数著名科学家认为亲属选择不重要。[24,25] 我同意绝大多数科学家的观点[26]，认为亲属选择是一个非常有用的解释。

尽管在直觉上具有吸引力，但群体选择的例子很少。一些明显的例子大多都记录它的弱点。例如，笼中的鸡互相啄，造成伤害，减缓其生长。用笼子里啄的次数最少的鸡所生的蛋来孵化，培育数代后，可使更善于合作的鸡生长得更快。[27,28] 这是真正的群体选择。但是，这不是自然选择。事实上，它恰好说明鸡群以前没有发生过这样的群体选择。除非在非常特殊的情况下，如果减少个体的繁殖，有利于该群体的遗传倾向会被消除。

性别比例会受到自然选择的影响，几乎所有都是雌性的群体，其生长速度比半数雄性群体快两倍——毕竟，只有雌性可以生育后代。但大多数性别比例都接近平分。伟大的遗传学家罗纳德·费希尔（Ronald Fisher）在他 1930 年出版的经典著作《自然选择的遗传理论》（*The Genetical Theory of Natural Selection*）中作了解释。[29] 他提出的问题是，后代的什么性别会最大限度地传播个体基因。在几乎所有都是雌性的群体中，雄性后代平均要比雌性后代多很多倍；在几乎所有都是雄性的群体中，雌性后代则平均比雄性后代还要多得多。不管是哪种性别较少，该性别的后代都会最大限度地增加了个体对后代的遗传贡献，同时对该群体的增长率造成巨大损失。

周六晚上酒吧里的选择，便说明了费舍尔的逻辑。要找女伴的男性不会去体育酒吧，那里的机会渺茫。女士之夜的酒吧则是更好的选择。对于女性来说，道理相反。平均的性别比例的普遍性，证明了个体选择相对于群体选择的主导地位。

然后是森林。壮观的高耸树干证明了那些结果带来的浪费，因为自然选择最大化的是基因利益，而不是物种利益。所有可用的太阳能都可以通过靠近地面的树叶簇来收获。合作的树木可以最大限度地收集能量，而无须花费大量资源来生长出高大的树干。然而，每棵树争着要比其他树木获得更多的阳光。它们甚至知道什么时候竞争更激烈。从相邻的绿叶反射而来的光线，将许多树苗的生长转入疯狂竞争模式，冒着断裂的风险，使出吃奶的劲来尽快变高。甚至同一物种的树木，也会尽全力争取比其他树木长得更高。例外情况都具有启发性。位于科罗拉多的阿斯彭（Aspen）在适当高度的茂密小树林中蓬勃发展。想必你也知道原因：它们都是具有相同基因的无性繁殖，因此不需要竞争；它们还合作创造密集的阴影，把竞争者困在黑暗中。

我们体内细胞的合作也同理：都始于相同基因，由于DNA分离成来自双亲的单链的过程，一条在受精卵中，一条在精子里。我们体内的细胞就像40万亿个同卵双胞胎。只有做出大体上对身体有益的事情，等位基因才能进入下一代。例外情况也证明了这些规则。当细胞复制不考虑给整体带来的好处时，就会导致癌症。[30]自然选择已经形成了抑制这种异常复制的强大机制，包括一种称为细胞凋亡的机制，可诱导复制失控的细胞自杀。

（大多数）合作得到解释

如第3章所述，威廉·汉密尔顿对亲属选择的发现，彻底改变了我们对社会行为的理解。他发现这点时，还没有成为伟大的生物学家；当时的他，不过是个独来独往的研究生，多年来一直在思考演化如何解释为了保护蜂巢而亡的不育工蜂。[31]他提出以此为博士论文的选题，却告知这一主题不被接受。因此，他向科学期刊提交了解释他的想法的手稿。[32]编辑约翰·梅纳德·史密斯（John Maynard Smith）马上意识到，汉密尔顿已经解决了几十年来困扰生物学家的问题。梅纳德·史密斯迅速在读者量大的《自然》（Nature）杂志上发表了自己的文章，题目为《亲属选择》（kin selection）。[33]这让二人一生都结下了梁子。对优先权的自私竞争导致了对利他主义科学研究起源的道德失误，这多么讽刺和悲伤。和梅纳德·史密斯谈话非常令人振奋，他极具耐心地回答我关于群体选择的无知问题。天才汉密尔顿整日忧心忡忡，对所有事情都很好奇，与他谈论精神障碍也激发了我的灵感。两人最终虽能对话，但关系永远那么紧张。他们的强烈感受预示着持续激烈的，有时甚至是用意卑劣的合作冲突仍在继续。[34,35,36]

相互帮助是对社会行为的另一种有力解释。如果两只动物同时互相梳毛，两者都会受益，也没有背叛的机会。如果两人共同撬开沉重的岩石，都可获得石头下面压着的任何东西。从家畜背上吃蜱虫的鸟会得到一顿饭，动物也会减少寄生虫的数量。一旦你意识到这种共生，就会发现它无处不在。[37,38,39,40]

互惠交易解释了非亲属之间的大部分帮助。如果互助事件不在同一时间或同一地点发生，就可能出现背叛。如果两个人分别掀开岩石找金子，那么有人可能会私藏。帮助别人建造棚屋的人在后来给自己建棚屋时，可能会，也可能不会得到别人的帮助。如果你开车去机场，你需要时可能会，也可能不会搭乘电梯。如果可以控制背叛，互惠交易便对双方有利。

这个想法虽然由来已久，但直到1971年，生物学家罗伯特·特里弗斯（Robert Trivers）发表的一篇文章才引起大家注意到它对社会行为生物学的重要性。[41] 名为"囚徒困境"（the prisoner's dilemma）的游戏是研究人们如何报答或不报答的绝佳方法。该游戏取名自警方分别采访两名犯罪合作者的情景。每名罪犯都被告知，如果他们先坦白（叛逃），就可以轻易走人，但如果对方先承认，他们都会受到严厉惩罚。如果两人都不坦白，赌一把对方不会叛逃（两人合作）的话，那么他们就只受轻罚。这款游戏适合计算机建模和是你能与真人玩的游戏。数百项研究调查了人们如何交易好处。我的朋友兼同事、政治学家罗伯特·阿克塞尔罗德（Robert Axelrod）在他具有里程碑意义的著作《合作的演化》（The Evolution of Cooperation）中详细分析了这款游戏。[42,43]

如果"囚徒困境"游戏反复进行，那么最好的策略就是"以牙还牙"（tit for tat），也就是说，先发制人。与（不会坦白的）合作者配对，这能最大化利益而避免被叛逃的另一方利用。这个游戏通常在多次合作后出现背叛，随后是持续不断的相互背叛，这正是人们在许多关系中所看到的。[44,45,46] 稳定的合作最大限度地提高了共同利益（下一页的表格里每个合作伙伴都得3分），但是一名玩家如果在其他人合作的那轮叛逃的话，就能得5分。

如果交易好处的过程中反复出现的情况会产生适应度后果，它们应该就能塑造可以应对那些情境的情绪。事实也确实如此。[47,48,49,50] 多次合作培养了信任和友谊。特别慷慨的行为引起感激之情。预料中的叛逃产生怀疑；经历过叛逃会导致愤怒。企图叛逃引起焦虑，叛逃会引起内疚，这两种让人反感的情绪能抑制轻率的自私。

如果你企图背叛承诺，焦虑会抑制轻率的自私行为。如果你送朋友到机场，上班就会迟到，但是如果欠朋友人情，就必须要送他，也只能去机场。如果你不送，内疚就会激起歉意，需要弥补才能重建信任。或者，你也可以尝试贬低他人能为你做的事。大多数争论都是关于谁违反了什么期望。

情绪塑造为处理交换关系中引起的情境[51]

关系中情境引发的情绪	其他人合作	其他人叛逃
你合作	（每人得3分） 友谊　信任	（你得0分，其他人得5分） 怀疑（之前） 愤怒（之后）
你叛逃	（你得5分，其他人得0分） 焦虑（之前） 内疚（之后）	（每人得1分） 厌恶 逃避

虽然社会生活的现实要复杂得多，但这个简单的表格为社会情感的起源和效用提供了有用的指导。[52]愤怒表明背叛已得到承认，且需要道歉和补偿来保持关系的发展，避免恶意报复。[53]感觉自己不能舍弃与某人的关系，不愿意表达愤怒，产生被动攻击的动作或郁闷

的沉默寡言，限制了合作，激发长期冲突。这类情境是很多神经症和婚姻问题的核心。心理学家蒂莫西·科特拉尔（Timothy Ketelaar）和玛蒂·哈瑟尔顿（Martie Haselton）进一步发展了这一构想[54,55,56]，但临床应用仍有待开发。

疏漏之处

亲属选择、互惠互利和交易好处对社会行为的解释，是我们这个时代的重大科学进步之一。它们共同解释了几乎所有的合作行为。[57,58,59,60,61,62,63] 但并非全部。它们很难解释为什么有人会因其他人都没察觉到轻微失误，而愧疚得难以入睡；没有为在承诺关系中的巨大牺牲提供完整解释；没能解释知道难逃一死却还是要保卫群体的奋战；无法解释对于每个反社会者来说，为什么会有十个人一直担心如何避免冒犯别人。人类有极端的亲社会倾向需要另外加以解释。解答这些问题是一项正在取得进步的重大学术探索。[64,65,66,67,68,69,70,71,72,73,74,75,76,77,78,79,80] 总体解决方案的关键在于，认识到有选择地与其他利他主义者建立联系的利他主义者，比其他只随机与他人进行交易好处的人更具有优势。

地理邻近是最简单的机制；利他主义者的后代可能会与其他利他主义者生活在一起。这甚至对细菌也适宜。因为细菌分裂迅速，所以通常被近亲包围，因此有助于有共同利益的细菌为自己的基因带来优势，如通过分配资源以制造消化宿主细胞的物质。[81,82]

人类有很多方法可以找到并与好伙伴保持密切联系。避开混蛋能把更多时间花在慷慨型伙伴上。抛弃不理想的伙伴关系会导致与利他主义者的选择性联系。[83] 八卦提供了关于你可以信任的人的宝贵信息。[84] 招聘委员会花费数小时检查推荐信中的充分理由。利他主义者之间的这种选择性关联模型，有时被称为群体选择，但这会造成混乱。正如生物学家斯图亚特·韦斯特（Stuart West）所说："另一种选择尽可能简单地说明它们是什么——利他基因的非随机分类模型。"[85]

人类学家罗伯特·博伊德（Robert Boyd）和彼得·理查森（Peter Richerson）对文化群体选择的描述，为深层次的合作和强烈的利他主义提供了重要解释。[86] 具有为群体做出牺牲的文化规范的群体，比其他群体增长得更快。群体可以为遵守规范的个人提供优势，创造选择为群体行善的倾向。个体可以通过惩罚叛徒让群体受益，但奖励合作者通常更有效，更不危险。理查森及其同事最近发表的一篇文章，评论了文化群体选择能力的广泛证据。[87] 这篇文章很有说服力，但它指出，无法用群体选择、共生、亲属选择或互惠来解释的利他行为，必须从文化群体选择来进行解释。但是，选择至少还有两种方式可以塑造合作能力：承诺和社会选择。[88]

承诺

不仅仅是对配偶的承诺。在博弈论中，承诺可以解释没有保证甚至预期的回报利益的利他行为。[89,90,91,92] 其核心思想是矛盾的：让他人相信即便未来出现不符合你利益的情况，你还是会信守承诺，这能极大影响他人的行为。承诺无论疾病或健康都会相守能巩固与伴侣之间的关系，比其他方式所获得的伴侣更好，还有希望在你生病的时候

给你帮助。威胁以核武器反击远非不理智，但如果他人相信你会这样
做，那就是极大的影响力。

相互确保的破坏目前阻止了战争，但是承诺战略是不稳定的，因
此我们所知的文明可能随时结束。

基于承诺的关系比基于互惠的关系更有价值。演化心理学家约
翰·托比（John Tooby）和里达·考斯米兹（Leda Cosmides）深刻阐
述了"银行家的悖论"（the banker's paradox）。银行只在互惠互利
中运作[93]：有抵押品时，他们很乐意借钱给你，但若什么都没有，真
的需要融资时，他们甚至连话都不跟你说。

基于承诺的关系在人最需要时提供帮助：在他们没什么回报的时
候，挑战就在于，让别人相信你会在未来的某种情况下，做一些不符
合你自己利益的事情。其他挑战是，说服自己，其他人会在没有强制
义务的情况下帮助你。解决方案是继续展示你承诺的非自私行动。放
弃大赛留在家里照顾感冒的她。取消大型演讲继续计划好的假期。在
你发觉之前，或许已经开始的操控变成了持久的承诺。

这样的策略并非都源于爱和玫瑰。要求交保护费的帮派也正在使
用承诺策略。他们不想烧毁餐馆，但为了说服店家他们会做出这种非
理性的事情，他们必须偶尔烧一烧。承诺解释了其他合作理论无法解
释的行为。[94]

要求成员做出巨大牺牲的紧密群体，使得承诺策略更加安全，并

且可以实现非凡的利他行为。许多宗教团体要求成员在加入前进行广泛学习和牺牲。这些群体强调帮助的重要性，这种帮助是出于情感和道德承诺，而非自身利益。如果你告诉一个教会的领导你想加入，因为你想在生病时得到帮助，你可能被告知不会如愿以偿；成员都应该心甘情愿地帮助别人，而不是因为他们想得到一些东西。矛盾的是，那些由承诺激发帮助的人，在需要的情况下，通常会比直白地讨价还价的人得到更多帮助。

社会心理学家将基于情感承诺的"社区关系"与基于交换的"工具关系"进行对比。[95]精明的研究人员已经开展了一些实验，让人们注意朋友之间是如何换好处的；参与者抗议并反对将他们的行为被描绘成有所图谋。他们希望把朋友和自己的行为看作是出于关心和承诺。

被指导如何通过分析配偶之间的资源交换进行婚姻治疗后，我更清楚认识到了分析公共关系中的交换的危险性。我们帮助配偶列出了自己对这段关系的贡献，然后帮他们谈判一份新合同，规定好谁会贡献什么。这种疗法使夫妻的关系更紧密，但在我看来，主要是因为他们一致认为，未来的治疗师对真正的婚姻实际上是如何运作一无所知。

心理治疗关系能起作用，因为是支付费用以换取帮助。然而，他们会产生往往对他们成功至关重要的承诺感。这就是为什么商讨治疗师和患者之间的适当距离，一直都会造成关系紧张。我在思考，许多语言中正式和非正式讲话间的区别，是否显示出一份关系是基于情感承诺还是作用交换。就像我让病患称我为尼斯医生。

社会选择

　　承诺可以解释某些事情，但还有些情况仍然不适用。真正的道德行为倾向一直留存在我们的基因组中。一名非常有吸引力的年轻女子在丈夫从屋顶滑落在地上，造成永久性脑损伤，导致严重残疾后，守护在身边照顾他。有些人把自己的生命无私奉献出来帮助他人。许多人自愿帮助挨饿之人、协助建房或辅导学生，从中得到巨大满足感。有些人拒绝吃肉，从道德上反对对待动物的这种方式。还有很多人会仔细清洗瓶瓶罐罐，额外付钱让人重复利用。道德行为无处不在。

　　道德要求循规蹈矩，而不是算计什么对自己的好处最大。它不能保证获得回报，但可以给予情感上的满足，比如做正确的事情感到自豪，可是，骄傲感来自哪里？道德行为代价很高。自然选择还塑造了哪些代价昂贵的东西？孔雀的尾巴。这种思路一次又一次地让我想起理论生物学家玛丽·简·韦斯特-埃伯哈德（Mary Jane West-Eberhard）关于"社会选择"的文章。[96,97]

　　她找到了一个解决方案，我认为这有助于解释人类的道德能力和非凡的社会敏感性：因为个体会选择最好的合作伙伴，所以那些会尽全力成为更合意伙伴的个体，会得到很大好处。作为性伴侣首选的好处，塑造了极其昂贵的炫耀物，如孔雀的尾巴。如果像演化心理学家杰弗里·米勒（Geoffrey Miller）所说人更喜欢利他型伴侣，那就会直接选择利他主义。[98]韦斯特-埃伯哈德指出，性选择是社会选择的子类别，而倾向于作为社会伙伴的个体也会获得巨大利益，因为他们得到了最好的合作伙伴。

"社会选择"不是理想的术语，因为它在不同的领域有不同的含义。"合作伙伴选择"与核心理念更接近，但选择合作伙伴只是其中一部分；拒绝或惩罚合作伙伴也很重要。[99,100]"合作伙伴选择和拒绝"抓住了使人类有高尚品德的演化过程的本质。倾向于慷慨地帮助朋友的人，更喜欢作为社会伙伴，因此他们获得了最好的伴侣和所有随之带来的适应度优势。[101]这个过程可能对于使人类深度合作并且能够创造文化至关重要。[102]

对于大多数物种而言，亲戚以外的亲密社会伙伴要么不存在，要么几乎可以相互替代。这可能是直至过去十万年间的某个临界点，人类祖先所处的情况，当选择作用特别大时，慷慨的伙伴开始发挥优势。与最好的合作伙伴建立关系的好处，塑造了慷慨和忠诚的倾向。韦斯特－埃伯哈德描述了社会选择过程如何进入失控阶段，这一阶段对具有某些性状的合作伙伴的偏好，会给具有这些性状的人带来优势，同时为谨慎选择的人提供更多优势。由此产生的亲社会性状，与孔雀尾巴一样代价高昂、引人注目。

社会心理学家已经找到了"竞争性利他主义"（competitive altruism）的证据。[103,104]人们花费了大量的时间和金钱来展示无私的利他主义。愤世嫉俗者将此归因于狡猾的操纵策略，还提到了伯纳德·麦道夫（Bernie Madoff）等骗子的慈善捐款。然而，利他主义往往很实在，有时甚至没有任何期望得到奖励，除了作为一个好人的自豪感——也许还会希望找到更好的合作伙伴。最近有证据表明，不那么慷慨的人甚至试图通过攻击特别慷慨的人，来保护自己的声誉。[105]

著名人类学家萨拉·赫尔迪（Sarah Hrdy）认为，所有这一切，可能在母亲开始合作照顾孩子前就已经开始。[106]人类母亲在十年内的生育数量，可能是黑猩猩的两倍，这不是因为人类母亲是更有效率的觅食者，而是因为合作网络提供了允许后代间隔更短的帮助和资源。

数个领域已经使用几个指定名称发展出了相关想法。戴维·斯隆·威尔逊（David Sloan Wilson）采用性状群模型来描述使合作成为可能的过程。[107]在经济学和生物学中，彼得·哈默斯坦（Peter Hammerstein）和罗纳德·诺尔（Ronald Noë）等人共同探讨和发展了合作伙伴选择的作用。[108]相关过程甚至可以解释植物根系和有关联的细菌结节的共生。[109,110]结节从空气中捕获氮，使其可用于植物，同时植物提供细菌生长的所需营养。试图在不提供固定氮的情况下获取植物资源的结节会被丢弃。试图在不提供营养的情况下摄取固定氮的植物被细菌遗弃。合作伙伴的选择和拒绝会加强合作。

鲜花说明了竞相被选要付出的代价。带有花蜜和花粉、色彩缤纷、香气怡人的大花朵会使用宝贵的能量，否则这些能量可以进入叶子、根和种子里。然而，这必然要付出大的代价，花开茂盛是为了能让传粉昆虫选中。

社会选择模型解释了自私选择如何为慷慨的个人创造强有力的选择。付出最多的个人会选择最好的合作伙伴，从而自动为团队中最慷慨的个人提供适应度益处。这个过程是亚当·斯密的无形之手的一个版本。[111]商品创造者和消费者做出的自利选择创造了一种经济，这种经济能够以最低的成本按所需的比例，为所有人生产更多的商品。

自利的伴侣选择塑造了道德激情和真正的道德行为的生物能力，使人类社会群体能够进行深层次的合作。

像所有好的想法一样，社会选择并不是全新概念。在达尔文发表前的两百年，英格兰哲学家托马斯·霍布斯（Thomas Hobbes）就在他的《第三条自然法则》（*Third Law of Nature*）中描述了提倡违背承诺的那些蠢人的命运："那些人履行他们立下的盟约。"

> 福尔在心里说，没有正义这样的东西；和……没有理由，为什么每个人都不会做他想做的事情：因此也可以制定或不制定；遵守或不遵守盟约……同理，成功的邪恶都获得了美德的名号……但是，他也因此打破了自己的契约……不能被任何社团接纳，这些社团联合起来为了和平与防御，但是通过这些社团的努力才接收他……如果他被遗弃，或被赶出社会，他就会死亡。[112]

这种愚蠢的人仍然比比皆是，他们认为自私基因肯定造就自私之人，大众学会允许匿名和群体之间的活动给予其能力。

人更喜欢有充足资源的合作伙伴。因此，为了获得最好的合作伙伴，人会慷慨地展示他们的资源。在这方面，极端性状也是显而易见的。人类学家描述了某些印第安部族的冬节仪式（potlatch），其间富人会摧毁珍贵财产，以证明他们可以负担得起损失。类似的炫耀性消费推动了大部分经济发展。[113]豪华汽车和花哨运动鞋并不比同类的便宜货好很多，但它们价格昂贵，因此老实说，这就是富裕的象征。

一万平方英尺的房屋很少被充分利用，但它们帮助与其他同样消费阔绰的人建立了关系。

在日常生活中，每个人都希望成为人物，因其特殊的贡献和专业知识而受到重视和赞赏。这使得每个竞技场都充满竞争，在体育运动中体现明显，但在音乐和戏剧方面稍弱一些。鸟类观察似乎是平等的，但真正听到观察研究稀有鸟类的人对话后，可能就不会这么想了。火车模型发烧友把自己的专业知识运用在最高法院律师的才华上。人们控制不住，把每一次消遣都变成一场比赛。这些比赛让生活变得精彩有趣，为几乎每个人提供意义、职业和友情。

我和萨拉·赫尔迪看着一群野火鸡，共同度过了一个愉快的早晨。它们走几步，然后展开大尾巴，又走一会儿，又一次展开尾巴。这看起来蠢得让人印象深刻。但是，人类花费时间来创造类似的展示，不仅仅是为了给配偶留下深刻印象，还为了表明我们是理想的社交伙伴。我们不断努力给别人留下深刻印象，让他们的生活充满兴趣，还充满了意义和爱。

社交焦虑与自尊

社会选择对精神障碍有重大影响。我开始接诊后，接触到许多患者希望帮助他们变得对其他人的想法不那么敏感。这是20世纪70年代的时代精神：我很好，你也很好，让我们摆脱压抑的社交习俗，奔向幸福。避免从众似乎是值得称赞的目标。我尽力帮助患者实现这些目标，但通常只是小有所获。

渐渐明白伙伴选择如何塑造关系的我，逐渐认识到为什么社交焦虑如此普遍。自然选择使我们非常在意别人对我们的资源、能力和品格的看法。这就是自尊心。我们不断监视其他人对我们的重视程度。低自尊是一种更加努力取悦他人的信号。[114,115] 然而，更加努力取悦他人往往与地位竞争发生冲突，产生你在心理治疗中所听到的大量冲突。

各种人生大事，如跟谁结婚、为谁工作、聘请谁、允许谁加入社会团体，所有都涉及仔细评估。我们尝试选择拥有大量资源的诚实、合作、慷慨的人，他们会努力使我们和我们的团队受益。那些被选中的人所得的益处，帮助解释了人类特有的非凡潜在合作性。对于许多人来说，这就是让生活变得可以忍受，甚至是美好和美妙的东西。

然而，有些人信誓旦旦承诺，其实不过是心有所求时的操控而已。有些人听说过内疚或社交焦虑，但不知道这代表什么，就像是色盲的人无法体会到"绿色"。这类反社会者不会受到这种厌恶情绪的困扰，他们对操纵、背叛、撒谎和利用他人没有丝毫悔改之意。那些粗暴的人往往被排除在社会群体之外，有时会被关在监狱里。更加狡猾的反社会者，则会利用他们的技能一次又一次利用受害者。

这种倾向是高度遗传的，但它们仍然留存。演化心理学家琳达·米莉（Linda Mealey）在一篇文章中指出，在大多数人都是可剥削的合作者群体中，背叛的遗传倾向会变得更加普遍，但在背叛者普遍存在的群体中会减少。这两种力量会稳定下来，以保持一定比例的背叛者与合作者。[116] 我从来不觉得这种说法具有说服力；羽翼丰满的反社会者会从小被社会挤出或杀害[117]，且其中很多人都有轻微脑损伤的迹象。[118]然而可以肯定的是，米莉的理论具有启发性。它在大众社会中变得更加有说服力，社会中的人可以在群体之间移动，留下不良声誉。

反社会者是危险的存在，不因为他们不仅利用人，还破坏了信任。背叛的经历会改变人。父母的背叛可能会造成一辈子都不信任人，这种不信任使得深层关系变得不可能。在我的职业生涯中，有几位患者在治疗数月后自发告诉我，他们之前从未真正信任过任何人。这些评论不仅令人满意，还反映了治疗成功的关键核心要素。尽管存在缺陷，但经历了一种信任的关系和接受，可让人们了解他们和他们之间的关系会是什么样的。它可以让他们有勇气改变自我保护、自我挫败的方式，让他们开展新的关系，提供新的生活方式和机会。短期治疗不能提供任何类似的东西。改变对自我和他人的信念，需要发展长期真实的私人关系。

对于大多数人来说，真正的关怀天然会存在于与父母、兄弟姐妹和配偶的关系中。它也会延伸到友情，有时甚至对狗和猫也特别强烈。[119]我们关心自己的宠物，因为它们也关心我们 —— 数千年来经过社会选择驯化，它们也应该学会关心了。即使在系统养殖之前，人们对一些狗猫的喜欢多于人。受宠的宠物有更多的食物、住所和繁殖的机会。数百代后，我们的宠物正好例证了我们最重视的东西：它们有爱心、忠诚、深情、可爱，还渴望服从（也难怪，怎么说都还是狗）。有时患者告诉我，父母对宠物狗的爱，比对他们的爱还多。我曾经认为这种父母真的很可怕，但我逐渐意识到，这有时反映了与家养宠物的关系紧密度，我们把这个特殊的伴侣养成了自己最喜欢的样子。

由于选择，我们人类也被驯化了。[120,121,122,123] 我们选择的伴侣和朋友要诚实、值得信赖、善良、慷慨，而且可能的话，还得富有和强大。具有这些极端品质的人，会找到具有相似品质的伴侣，从而双方都可获得优势。这个过程创造了"非随机分类的利他基因"，斯图尔特·韦斯特认为这是自然选择的核心要素，以塑造利他主义的能力。[124] 我们是受益者，但也付出了代价。社交焦虑和持续关注别人对我们的看法，是我们为深层关系付出的代价。我们感到悲伤的能力则是另一个代价。

悲伤

我一直都觉得悲伤情绪可能是有用的，但在开展一项大型研究项目前，我始终没有深入思考这个问题。我刚入职密歇根大学社会研究所时见了所长。他问我什么项目最能推进我的研究 —— 什么都好，不切实际的也行。我告诉他，我想弄清低落情绪的目的，最好的研究方法就是找到那些几乎没有能力感到悲伤的人，看看他们的生活出了什么问题。不过我解释说，这项研究显然是不可能的，因为它必须在受试者失去至亲之前和之后都进行评估。

所长停了一下，一脸奇怪的表情，然后说："如果我告诉你，世界上最大的丧亲之痛预期研究已经完成，数据在计算机中等着分析，所有原始研究人员全部都调到其他地方和项目去了，怎么样？"我立即意识到这是令人难以置信的荣幸和机会 —— 我有义务花费多年时间来分析这些数据。

他把我派给了著名社会学家詹姆斯·豪斯（James House），他帮助设计了原始项目。他说，这项研究包括随机抽样的数千名退休年龄夫妇，均接受了几个小时的访谈，以测量数千个变量。研究人员随后每个月查阅一次讣告。每有一个研究对象去世，他们就会联系在世的配偶请求访谈，内容包括丧亲、抑郁、健康以及社交和身体功能的各个方面。这些后续访谈是在丧偶的6个月、18个月和48个月后进行的。

这个数据集就是个金矿。大多数关于悲伤情绪的研究项目都要求受试者回忆丧亲前的健康和关系状况，但这类数据不值得信赖，因为记忆不可靠，还会受到丧亲的影响。"老年夫妻的生活变化"（CLOC）项目深入研究了受试者在丧亲前的状态。[125]

我随后花了3年时间组织一个研究团队，并获得经费来分析这些数据。其他研究者整个研究生涯都在探索悲痛情绪。某些顶尖研究者，特别是心理学家卡米尔·沃特曼（Camille Wortman）和乔治·博南诺（George Bonanno），都非常慷慨地加入该项目并提供必要的指导。一名年轻的社会学家黛博拉·卡尔（Deborah Carr）成了我的研究伙伴，她的努力和专业知识对项目的成功至关重要。

我们对许多研究结果感到惊讶。例如，许多临床医生认为"延迟悲伤"（delayed grief）很常见，是未来出现问题的先兆。但几乎没有受试者在最初一段没有过多悲伤的时期后，经历激烈的悲伤情绪。精神科医生另一个常见观点是，恢复需要直面悲伤，避免"悲伤作用"

（grief work）过后会引发问题。研究没有发现这点。我们还认为，突如其来的失去引起了更多的悲伤。但也并非如此。[126]

最深刻的发现之一与我所受的精神病学教育相矛盾。我了解到严重或长期悲伤通常是由与死者的矛盾关系引起的。这是基于西格蒙德·弗洛伊德（Sigmund Freud）的观点，即对已逝之前的无意识愤怒会转向自我，以抑郁情绪呈现出来。我花了大量时间尝试帮助丧亲的抑郁症患者与这种无意识愤怒保持联系。令人震惊的发现是，我们的数据没为这个观点提供任何支持。以往与已逝亲人有矛盾的人，比其他人的悲痛情绪更弱。正如动画片《辛普森一家》男主角荷马·辛普森得知发生严重问题时表示沮丧的口头禅："噢喔！"失去后患抑郁症的最佳预测因素也不足为奇：在失去前就已有抑郁症。

那我的目标群体，那些自称没什么悲痛感的人，又怎么样？他们有很多都是如此，但他们倾向于自己在其他方面保持和他人一致，如健康和生活处理能力。我的假设是，这些人会表现出可怕的问题是错误的。然而，我更深入研究他们的个人记录后，重新发现了之前多次了解到的事情：人都非常主观。少数在丧亲6个月后接受采访声称没有悲痛情绪的人，在丧亲18个月后的访谈中表示，自己在丧亲后就立即产生了强烈的悲痛感。对于其他人来说，情况相反。在丧亲18个月后，他们回想之前并没有悲痛感，但丧亲6个月后的数据则表明具有明显症状。人是主观的存在。

悲伤感如此沉痛，如此可怕，以至于你禁不住要问，为什么它会存在。主要有两种可能：第一，它可能是使深层关系成为可能的机制的无用副作用；第二，它可能是一种提供益处的特殊形式的悲伤，就像在其他失去情况下的悲伤会提供益处一样。

很少有研究者思考这个问题。英国心理学家约翰·阿彻尔（John Archer）写了一本有趣的书，认为悲伤是爱情的代价。[127] 他认为悲伤本身毫无用处，但失去后的痛苦对于让亲密关系有意义是有必要的。在他看来，悲伤是自然选择不幸产生的副作用，无法只创造爱情关系的好处而不会产生令人难以置信的痛苦。

这对我来说似乎不合理。一个悲伤之人的苦难、残疾和缺乏能量都可能绝望到你会认为自然选择会找到某种方式，让关系变得温暖、深切和稳定，不会因丧亲遭到如此多苦痛。长年累月的睡眠不佳、食欲不振、绝望和缺乏动力会造成巨大的损失。70％的人产生情况复杂的悲伤，多年来损害了他们的机体功能。[128,129,130] 如果这只是自然选择一种无法解决的副作用，那么这个副作用特别愚蠢可怕。如果发现可以消除悲伤的药物，我们应该使用吗？回答这个问题需要先搞清楚悲伤是否有用以及它如何起作用。这还需要理解悲伤为什么会存在。

总的来说，悲伤来得太晚，起作用似乎为时已晚。因为丧亲事件已经发生。但是，丧亲是一种从一开始就在每个生命中都会反复出现的情境。悲伤的形成是为了应对丧亲的情境。[131] 但它有什么用处呢？

假设你正处于可怕的状况下，看到你的孩子被激流卷到海里。你还会像个没事儿人一样继续吃午饭吗？不可能。你会做的第一件事就是尖叫喊人来拯救你的孩子。你会让所有其他孩子回到岸上，同时跳入海里救出失踪的孩子，即便知道危险当前，也有可能为时已晚。如果你足够明智而不下水，或足够幸运能安全回到岸上，悲伤会促使人们不断反思本可以怎么做来避免悲剧发生。这有助于防止其他孩子重蹈覆辙。你的抽泣表明你需要帮助，并向他人发出危险警告。

看到孩子死于癌症或肺炎，猜想你或许可以做什么来阻止事情发生几乎是没用的。然而，责备的倾向是天生的，所以无论如何人们都会责怪自己、医生和任何相关的人。这些动机可以催生极妙的行动，"妈妈反对酒驾"（Mothers Against Drunk Driving）便是一个很好的例子。每个社区都有组织致力于预防那些带走了社区中所爱的成员的疾病或事故。

在人类祖先的环境中，亲人肯定经常根本不回到营地。寻找他们本来是必不可少的。丧亲会产生精神关注和检测相关线索的搜索图像。在丧亲后几周内，丧亲之人通常会认为自己看到失去的亲人或听到亲人的声音。无意中出现的细微声音和模糊影像都会被误认为来自已逝亲人。会出现视觉和听觉幻觉。这种体验有时被解释为如愿以偿，但更合理的解释是它们是搜索图像的产物，帮助更容易找到逝去的人。这种系统中的虚假警报是正常的、有用的，就像挥之不去的回忆。

生日反应也很常见且让人着魔。许多人偶尔会经历一些看似无法解释的悲伤，直到他们意识到这是已逝亲人的生日。我不相信生日反应大体上是适应性的；然而，在祖先的环境中，许多机会和危险都会随着季节性的规律而重演。因此，在果园里闻到过熟的苹果，可能会让人回想起很久以前的秋天。

第 10 章
了解你自己——别啊！

如果……欺骗是动物交流的基础，则必须有强烈的自然选择来发现欺骗，那反过来，这应该选择一定程度的自欺欺人。

——罗伯特·特里弗斯（Robert Trivers），
《自私的基因》（1976）前言

过度的理智可能是疯狂。最疯狂的是，看到生命现在的样子，而不是它应有的样子！

——米格尔·德·塞万提斯·萨维德拉，
《堂吉诃德》（Don Quixote）

"动物行为学会"由研究动物行为原因的科学家组成。他们研究自然选择如何塑造出使行为适应度最大化的大脑。对于精神科医生来说，这些知识似乎很关键，所以我参加了这个学会的年会。我期望收获新的想法，但对于会发生什么事情我完全没有心理准备——年会进行到一半，我就已经意识到自己必须要花好几年的时间，尝试从演化的角度理解心理动力学。

会议的第一天上午，举行了一场专题讨论会，探讨动物是否有意识。另一场研讨会则讨论为什么经历早期恶劣环境的个体动物，会成为更快进入繁殖期的冒险者。如果生命可能短暂，想方设法尽早繁殖值得一做。这个简单概念让我立刻联想到了儿时受过虐待、长大变得毫无顾忌的患者。所谓的"快与慢生命史理论"（fast versus slow life history theory）研究已经发展成为行为演化研究的主要研究方法。[1,2,3]

午餐时，与我同桌的科学家都认为，精神科医生对动物行为真正感兴趣，这太好了，但他们却拿百忧解开了很多次玩笑。后来有人说了些话，令我很是惊讶："作为精神科医生，你肯定知道'无意识'存在的目的，是对动机保持无知状态，以便能更好地欺瞒他人。"我说自己之前在与生物学家迪克·亚历山大（Dick Alexander）和鲍勃·特里弗斯（Bob Trivers）交流时，也听过这种观点，尽管这是他们二人最先提出的，但并没有被广泛接受。在座有几位不同意，举例说动物世界的欺骗行为无处不在：伪装的蝴蝶、假装受伤以引诱捕食者远离巢穴的鸟类、通过模仿雌性闪光吸引雄性从而同类相食的萤火虫。[4,5]他们解释说，所有交流系统都会被利用，制造策略逐渐升级的军备竞赛，以更微妙的欺骗和更强大的方式来发现欺骗，从而产生更加复杂的信号。他们引人入胜的评论对人类关系相当重要。

在第二天的宴会上，我和另一组人坐在一起。话题转向"理解合作的演化起源如何能帮助人们更好相处"。几分钟讨论过后，有人说："但我们本质上是自私的，不是吗？只不过是'无意识'隐瞒了我们的动机，自欺欺人。"再次听到类似想法！我的想法开始有了转变。如果动物行为学家那么确信自然选择塑造了我们保持"无意识"，从而更好地欺瞒他人的能力，我不得不进行一番调查研究。如果真是这样，这有可能使生物学成为心理动力学的基础；反之，这就是会有损关系的聪明模因。

1975年，密歇根大学生物学家理查德·亚历山大在一篇文章中写道："选择可能的运作可能与'这类自私动机成为人类意识的一部分'的理解背道而驰，否则这种想法可能更加容易被接受。"[6]罗伯特·特里弗斯在1976年出版的《自私的基因》前言部分，更详细地阐述了这一观点。他说："肯定有强选择来发现欺骗行为。应该依次选择一定程度的自我欺骗，使一些事实和动机不被察觉，以免（通过自知之明的微妙迹象）暴露出这是欺骗行为。"[7]

特里弗斯又撰写了几篇论文和一本书，论述了自我欺骗的演化目的是让欺骗他人变得更加容易。[8]

然而，特里弗斯和亚历山大都对精神分析知之甚少。人类行为受无意识思想、情感和动机的影响，以及强大的自我防御使人类意识不到某些事情，这些都是基于观察所得。精神分析是一种绕过这些防御的策略，揭示被压抑隐藏的过往，以此减少自我欺骗。正如精神分析学家海因兹·哈特曼（Heinz Hartmann）所说："的确，从很大程度上来说，精神分析可以称作是一种自我欺骗的理论。"[9]

无法用其他方式解释的症状显现出压抑的迹象，这也启发过弗洛伊德。我在工作中也遇到过大量这种情况。神经科医生让我给一名中年妇女做评估，她的右臂瘫痪已有3个月。发病突然、无诱因、无可行的神经学解释，医生都认为是心理作用。当看到这名患者时，只见她的右臂瘫软在膝盖上。在给她做神经系统检查时，能轻微地耸肩，但不能移动手臂或手指。反射也正常，对触摸有感觉，针刺完好无损，手臂肌肉组织只略微萎缩，无抽搐或挛缩。

我问她是不是有什么压力，她说："没有，都不算吧，除了我手臂瘫了，什么都做不了。"她主要负责家务和照顾两个刚上高中的孩子。当问及她丈夫时，她说："没什么特别的，男人都那样。"她拒绝透露具体细节，但间接暗示丈夫是个花花公子，她手臂都成这样了也不闻不问，然后话锋一转说："我来这儿只是为了治手臂，不是来聊我丈夫的。"这次面谈到此基本没什么收获，就在快结束时，我问她："如果奇迹出现，手臂康复了，你想用它来干吗？"她情绪明显起了变化，我万分惊讶地看到她把右拳举到肩膀的高度，然后用力往下一挥，嘴上说着："可能会从后背捅他一刀！"我说："你抬起手臂了！"她答："没有，它都瘫了。"

在我工作的医疗诊所，医生经常让我面诊那些疑难杂症患者。有一次让我接诊一名多次在工作期间晕倒的老师，曾三次被救护车送到急诊室。她是单身的中年女性，身体还算健康，否认有抑郁和焦虑。我看了半个小时，还是没发现什么问题，于是问她第一次晕倒的确切时刻和地点。

她说当时刚吃完午饭，正要离开教师休息室。我问她接下来的情况。她意味深长地停了一下，说话声音略有变化："我猜是他们叫救护车，把我送到了医院。"当问到还记不记得是谁帮了她时，她表情怪异地说："应该是鲍勃吧。"我又询问了另外几次昏厥的情况，她强调说真是太巧了，每次都是鲍勃帮了她。我让她多说一些关于鲍勃的事。她说他人缘好、有魅力、乐于助人，"真是个非常好的男人。"

就在那个星期，她复诊了一次，说与我交谈让她意识到应该告诉我，她喜欢鲍勃已有一年了。她强调说，她确定这与自己晕倒毫无关系。就算在描述那3次晕倒，鲍勃是如何把她抱在怀里送上救护车的时候，她也这么说。她坚称不想自己的生命中出现一个男人。

一名男子被转到我们的焦虑诊所，因为他几个月来都处于紧张、不安和失眠的状态。他有类似的中度焦虑家族史，但直到最近才出现症状。我问了他的压力所在和生活变化。他说，没有什么变化，工作上一切都很顺利，妻子再过几个月就要生了，很期待。我问他，妻子怀孕有没有给他造成压力。他说没有。然后转而说到自己对教会深刻承诺，以及他的宗教信仰和教会项目的重要性。谈到项目，他说自己启动了一个反色情组织，和其他教会成员约见当地商店老板，试图说服他们不要卖色情杂志。他在发起活动的一个月前就开始焦虑了。

我问他那段时间还有没有别的事情发生，他说："没有。就是换了邻居，但也没什么不好的。"我让他再说详细一点，于是他描述了那个刚离了婚就搬到隔壁的女邻居。他帮过她把箱子搬进房里。他停顿了一下，接着说，"我不知道这女人怎么样。""什么怎么样？"我问。"就是，"他说，"她邀我去喝酒，但我一般都不喝酒。然后她又叫我晚上再去她家。这就有点不对劲了。"你也许已经猜到了，新邻居搬来的那一天，也就是他开始焦虑的时候。

真实存在的压抑

很多人都认为，压抑主要是让人意识不到创伤性记忆的存在。这是弗洛伊德最初的想法，但颇有争议，和现代的观点也不那么相关。[10] 在观察到受压抑后，弗洛伊德改变了自己的观点。绝大多数情况下，受压抑的都是社会接受不了的愿望、记忆、欲望、情感和冲动。例如，爱上已婚老师，想谋杀丈夫，因受到迷人的离异女邻居邀请而感到兴奋。

虽然有充分证据证明压抑是真实存在的，但许多人还是持否认态度。有人甚至对其进行打压。我开始进入这个行业时，精神分析思想占主导地位。几乎每个主要精神病学系的主任都是精神分析师。但现在他们都已被神经科学家所取代。更准确来说，是被"清除"掉了。"精神分析"受到嘲讽，采用精神分析方法的医师也受到许多学院派精神病学家的蔑视。甚至像我这样，承认精神分析的部分观点很有价值，也是有点危险。

通常很容易就能找到适合被嘲笑的精神分析思想。我从一本精神分析杂志上看到了一篇文章，讲述了长到肉里的趾甲有何象征意义，写作意图是善意恶搞一下，但这让我真切认识到精神分析师的轻信倾向。唉，许多人都当真了，反而让作者原本想阐明的观点更加有力。

然而，举这些极端例子来诋毁心理动力学并不公平。每个领域都存在荒谬的极端情况。有些学识渊博的理论家试图解释和治疗一切精神疾病，甚至是精神病；有些神经科学家高呼所有心理问题都是由大脑故障引起的；有些家庭治疗师认为大多数疾病是家庭动态所致。有些演化心理学家提出了引起众多关注的吸睛观点。还有些演化精神病学家则荒唐地认为，精神障碍具有适应性意义。每个角度都把问题推到了极端的境地，搅浑了缸里的水。但每个浴缸里都有一个婴儿。对于精神分析来说，这个婴儿就是压抑的事实。

压抑是最大的演化谜团。在我看来，"了解你自己"既是实用格言，也是一种美德。和大多数人一样，我也认为，对内在和外在现实的客观认知会最大限度地提高适应度。但那次晚宴上，我意识到自己这个想法很天真。客观性有损适应度吗？我又如何检测这一假设呢？

受压抑的不是日常事务，如进食时，胆囊会收缩，这是强烈的感情和欲望。这些欲望、仇恨和嫉妒都潜伏在深处。无论我们多努力与它们联系，大脑采用的几种策略 —— 精神分析师称之为"自我防御机制"（ego defense mechanisms）—— 让这些事情都不能被有意识地想起。

大学期间，我参加了某家精神医院的暑期项目，有天深夜开车时与一名心理学家和其他两名学生聊起天来。我们讲到医院里有谁很难相处。我借机抱怨了一名不喜欢我的护士。他们询问了详细情况，我解释说那名护士有点霸气，对任何事的意见都很大，对年轻人的态度冷漠。他们让我说说具体事例，但我又说不上来。听我又接着抱怨了10分钟后，那名心理学家缓缓地说："我觉得你可能只是心理投射。"我不明白她的话。她接着说，"你找不到例子说明她针对你，但显然你很不喜欢她，因此可能是你自己不承认这点，还反过来说她不喜欢你。""这说法挺可笑的。"我说。然后其中一个学生说："要不然就是你看上她了。"直到真正接受精神病医生培训后，我才意识到他们说得有道理，至少第一个假设是对的，我们所有人对他人和自己都会存在误解。

参加完动物行为学会的会议后回到家，我决定找出为什么人类会有压抑和心理动力学防御。它们扭曲了现实、制造症状、引起人际冲突。帮助人们接触以前没有意识到的事情，这种心理疗法可能非常有帮助。你会认为大脑会为我们提供准确的自我认知，不需要花时间去做心理治疗，那样太麻烦。但主动维持的障碍不让人接触到很多以其他方式能意识到的事物。肯定还存在非常有意思的情况。

意识之外的机制指导行为并非奇事。细菌和蝴蝶可以在没有人类意识的情况下相处得很好。人类意识的起源和功能也已经争论了好几个世纪。在此不适宜评述这些问题，不过也有人同意，创建外在世界的内在模型能力会有所用处。[11,12,13,14] 这种模型的心理操纵可以比较不同策略可能产生的结果，无须冒险真的付诸实践。这就是为什么你一怒之下字斟句酌写了辞职邮件，正要"发送"之时，预测未来的能力让你住手了。

处理过度复杂的社会生活要求选择体积更大、能力更强的人脑。人类学家罗宾·邓巴（Robin Dunbar）已经证明，特定种类的灵长类动物的大脑体积与群体规模和社会复杂性密切相关。[15] 他和其他学者都坚定地指出，对于人类来说，大多数资源都来自社会，获得和保有这些资源需要大脑持续处理其他行动方案可能带来的结果。[16]

现代媒体极大提高了行为风险。你可能听说过，有个正飞往非洲的女人开玩笑地给朋友发推文，说因为自己是白人，所以不太可能得性病。[17]飞机刚落地，她打开手机，就发现那条推文已经被疯转了。她现在已经失业，成为全世界蔑视的对象。我们大脑用来预测行动结果的机制，不足以应对现代媒体。

问题不在于为什么会有无意识状态，而在于为什么有些事件、情感、想法和动力会被主动抑制并避开意识：换句话说，是压抑和自我防御非要这么做不可。大体上有两种替代方案。压抑可能只是认知系统一个无法避免的局限。也许自然选择无法塑造出可接触所有东西的系统，又或者这些障碍是其他系统无用的副产品。这些解释几乎都说不通。很多无意识的内容不但接触不到，还被专门的机制主动阻止了意识，即所谓的自我防御。

到此稍作停顿，因为我迟了一天才回来。我尝试逼自己写东西，因为截止日期迫在眉睫，但就是下不了笔。我问自己这是为什么，后来觉得不过是太累了。然后，我开始任思绪乱飞。很快就想象到，这本书可能因为支持某些精神分析理论，而遭到批评家的全盘否定。更糟糕的是，我突然发现这么写下来，就好像只有傻瓜才不会意识到压抑的现实。这让我想起与罗伯特·海切尔（Robert Hatcher）的初次见面，他是指导我第一个心理动力学治疗案例的心理学家。我一开始就告诉他，我真的一点都不相信"无意识"的存在。他没有和我争辩。只是说："你会得到自己的定论。但先得亲身体验，你需要参与很多个疗程，少说多听，记录患者说的所有内容，这样我们就可以一起回顾转写记录。"

仔细聆听别人想到什么说什么的话，跳跃的话题之间表面上看似毫无意义，实则相互关联。有患者前一分钟还在谈论在户外咖啡馆喝咖啡，下一分钟就开始讲日本同事，那是因为反射在玻璃桌面上的太阳光让人联想到太阳，于是思绪就转向了日本；一名年轻女士上一分钟还在充满怨气地说，比起她的橄榄球赛，父亲对哥哥的足球赛更感兴趣，但话锋一转，又开始吐槽父亲有很多工具。听了很多个小时没什么关联的漫谈后，我坚信无意识确实会产生影响。

适应性无意识的心理学研究

然而，这些只是逸闻逸事，让我坚信大脑拥有积极阻止获取某些精神内容的机制。有人提出合理质疑，但是社会心理学家进行了数十项研究予以反驳，这些研究记录了适应性意识的事实。社会心理学家很难与大多数精神分析师达成一致看法。密歇根大学精神病学家、精神分析师、哲学家琳达·A·W·布拉克尔（Linda A. W. Brakel）是少有的精神分析学家之一，其工作填补了这一空白。她查看了证据，表明人类大部分行为都受到初级过程思维（primary process thinking）的影响，即无意识思想的非理性阴谋，得到的结论是，初级过程思维能够提高达尔文适应度。[18]另一位是提摩西·威尔逊（Timothy Wilson），他在自己那本很有趣的书《最熟悉的陌生人：自我认知和潜能发现之旅》（*Strangers to Ourselves: Discovering the Adaptive Unconscious*）中描述了多项展示无意识过程的实验。[19]

威尔逊与密歇根大学心理学家理查德·尼斯贝特（Richard Nisbett）进行了一项影响力广泛的项目。[20]他们向两组人播放同一部电影。一组人在风钻的巨大噪声中观看，另一组人则在安静的房间里观看。看完后询问受试者，噪声是否影响了他们对电影的评分。那些听到风钻噪声的人很肯定这会降低评分。但数据显示并没有影响。在另一项研究中，两组学生观看了不同版本的访谈。其中一个版本中，演员很热情；另一个版本中，同样的演员态度却很冷漠。受试者认为热情的演员长相迷人，他的异国口音很好听。而态度冷漠的演员则被认为长相不好，口音似乎很刺耳。然而，受试者把自己不喜欢态度冷漠的演员，怪在他的外貌和口音上。

约翰·巴吉（John Bargh）与其同事提供了更多关于无意识思维的例子。[21,22,23]我们都认为自己是经过深思熟虑才做出投票决定，但研究表明，大多数人在第一眼看到候选人照片时，就决定了；即使你不了解语法规则，也可以判断一个句子合不合语法；想到一个复杂数学问题的答案会让你半夜惊醒，又或者是想起自己漏填了所得税表格中的一个大项目。

脑裂研究（Split-brain research）提供了更不可思议的例子。神经科学先驱迈克尔·加扎尼加（Michael Gazzaniga）的研究对象，是曾做过手术、左右脑被分开以缓解顽固性癫痫的患者。[24]加扎尼加安了个装置，将一个冬季场景的图像投射到他的右脑，将一只鸡爪投射到他的左脑。因为左脑负责语言处理，所以患者能够描述鸡爪，但不能有意识观察到冬季场景。然而，要求他用左手（连接到右脑）选出一张照片时，他选了一把雪铲。问他为什么会选这张图片，他说："需要一把铲子才能清理掉鸡粪。"他编了个故事来解释受冬季场景无意识影响而做出的选择。正如加扎尼加所说："解释者讲述个人的故事情节，收集所有来自独立系统的信息，这些系统遍布大脑。"卡尔·齐默（Carl Zimmer）撰文总结了加扎尼加的发现，他说："这个故事虽然感觉就像一张未经过滤的现实图片，但也不过是个快速拼凑的叙事而已。"[25]我们在意识之外做出选择，然后编造故事来解释自己的行为。[26]正如威尔逊在他的书中所说，我们有时像玩冒险大赛车等赛车游戏的孩子，想象自己正握着方向盘，但其实不过是在看视频预览而已。

数以百计的研究表明，成见受到无意识偏好的影响。有种方法是，用幻灯片展示不同种族成员的照片，将照片与中性或正面形象配对。如果受试者更快将种族外群体的图片与负面形象配对，那么可证实隐形偏见的存在。[27,28]这些实验中的受试者反驳说自己没有偏见，但是强大的机制使无意识的过程不受意识影响。

为什么我们接触不到自己的动机和情绪？

无意识的认知无处不在。拒绝和投射等心理动力学防御真实有力。问题在于它们是否提供、如何提供选择性优势。和大多数人一样，我刚开始也以为只是寻找一种解释，但很快就找到了两个。现在，我发觉还有很多种解释。

亚历山大和特里弗斯提出，选择塑造了无意识，以便更好地欺骗和操纵他人。这一观点既自相矛盾，又令人不安，因此迅速传播开来。它认为最道德的行为也不过是伪装的自私，由此放大了自私基因的模因。愤世嫉俗者对此感到高兴，这证实了他们的想法，即每个人都是自私的，道德上的自命不凡是虚伪的。正如演化生物学家迈克尔·吉斯林（Michael Ghiselin）所说："挠一挠'利他主义者'，就会看到是'伪君子'在流血。"[29]这个认为真正道德承诺不可能存在的想法让其他人感到震惊。当然也包括我。

一年下来，我学到了更多关于精神分析和利他主义演化的知识，这也突破了我的防线。我终于承认，特里弗斯和亚历山大的观点至少有部分是正确的。人有时，甚至经常追求自私的目标，即使他们据理力争、坚决否认自己有过这些想法。有些女性举止轻佻，一旦有男人上钩，她们又会勃然大怒，斥责他们怎么会有这种邪念。有些男性信誓旦旦，但有时候午夜时分，掏心掏肺表达的坚贞不渝的爱意，又像清晨的薄雾那样转瞬蒸发。特别是涉及性时，自欺有时是为了更好地欺人。

虽然欺骗他人会得到好处，但这只能提供部分解释。自欺欺人也可以通过让我们不知道日常生活中不可避免的轻微背叛，来帮助保持关系。[30]如果有人午餐放你鸽子，通常最好继续保持良好的关系，否则很容易陷入批判的思维模式，联想到以前看不见的轻微违规行为。对于那些敏锐意识到每一个微小叛逃的人来说，很难做到维持轻松的关系。

压抑的另一个可能解释是，它通过将思想从意识中剔除，来最小化认知破坏。如果你即将发表演讲，最好暂时忘记你的配偶在吃早餐时说，想尽快找个时间和你聊一聊。还有很多说明避免分心的例子。然而，类似那个手臂瘫痪的女患者的情况，似乎需要强度更大的方法。而且，压抑很少能提供完全方法。思维还是会回到当下的生活问题，就像舌头还会再次得口腔溃疡一样。有时，无意识以令人惊讶的方式暗示自己：把钥匙扔进垃圾桶、忘掉该从哪条路去婚礼现场。

将有限的思维处理能力集中在重要事物上是有好处的，这可以解释为什么要压抑某些思想或动机，但不一定能解释压抑为什么会主动阻止某些事情的所有意识。我猜想，将某些欲望置于意识之外是压抑的主要功能。我们只能满足一小部分欲望。我们拥有的和想要的东西之间的差距，会产生嫉妒、焦虑、愤怒和不满。让未满足的欲望留在意识之外，不仅避免了精神痛苦，还使我们能够专注于可能的计划，而不是反复想着不可能的计划。更重要的是，压抑让我们不仅看似，而且实际上也更有可能遵守道德规范。多亏了社会选择，为人向善才会提高适应度。压抑让看似好人和成为好人更加容易。

过于在意那里面有什么

压抑的效用会在缺失的情况下显露。精神病发作期间，患者会体验到其他人从未察觉的无意识内容。他们对性和暴力的想象令人恐惧。听到同类相食的幻想令人不寒而栗。然而，这些患者经历的是整体认知崩溃，因此他们的经历对理解一般压抑没有帮助。

强迫症（OCD）患者具有更集中的压抑缺陷。强迫症患者会一遍遍重复做事，比如洗手或检查门锁了没。这不仅仅是因为他们行事小心谨慎，而是因为他们害怕一点点闪失或瞬间记忆出错会导致灾难发生，伤害到其他人。[31,32,33,34] 实验室的研究生永远不能确定她晚上最后一个离开时，是否已经关掉了所有气闸。想象到整栋大楼因此爆炸的场景，让她不禁返回检查，不止一次，而是不少于5次。另一名女性患者没法上班，因为她不停跑回家查看卷发棒插头是不是没拔。她拔掉插头后，放进抽屉里。但一离开家，她就又怀疑插头是不是还没拔，于是再次开车回家检查。

另一名患者每次在大杂货店看到细脖子的老女人都会感到困扰。他害怕自己会突然用手去扭断其中一个人的脖子。强迫症患者在开车的时候，常会担心自己突然掉头驶向迎面而来的车辆。有些患者担心自己会无意中打到别人而不自知。有些患者会绕着同一街区一圈圈地开车，时而还会致电警察局询问有没有人因遭遇车祸报警。还有医生在回家前会洗上好几个小时的手，担心会让妻儿感染可怕的疾病。

强迫症患者不会做出他们想象中的可怕举动，他们所担心的严重后果也不会发生，但他们就是无法确定，因此会陷入重复不断的防御性形式中。这些症状给人一种很强烈的印象，觉得强迫症患者以常人没有的方式怀有敌意。

强迫症可能是由脑损伤引起。强迫症患者大脑中的尾状核比一般人的小，炎症标志物的含量过高。[35,36,37]甚至出现轻度强迫症状的儿童，其尾状核也处于异常状态。[38]这些变化太小，不易确诊，但的确存在。更多有趣的证据表明，对链球菌感染的自身免疫反应可能会损害尾状核，就像风湿热会损伤关节和心脏瓣膜一样。[39,40]

强迫症与妄想症相反。妄想症患者会无缘无故地害怕被别人伤害，而许多强迫症患者会无来由地担心自己会伤害别人。

　　强迫型人格障碍患者与强迫症患者大不相同。[41]强迫型人格显示出过度客观性和责任心的危险。这类患者倾向于遵守规则、履行义务，对他人也有同样的期待。他们期望每个人遵守他们的高标准，这将其他人都拒之门外。无人的房间里亮着灯也会成为最高命令的道德违规。遇到浪费能量的无赖会导致沮丧，有损关系。极端的客观性和责任感要付出高昂代价。不那么上纲上线和斤斤计较，会让生活更加美好。

　　有些患者做事不果断，这在半夜的急诊室里会引起大问题。碰见过有患者犹豫好几个小时，都决定不了是否接受住院治疗。但是很多人无法坚持自己的决定，这也是个问题。一名女士考虑了好几个月，终于决定买下了非常适合她的宝马车，但才过几个小时，她就反悔了。社会心理学家称此为认知失调（dissonance），大多数人都有能力抵抗这种模棱两可的行为。[42,43]一旦做出决定，人们就会想出所有理由来证明为什么这个决定很明智，而其他选择不够好。在一项经典的心理学实验中，受试者被要求观察完几个咖啡杯后，评估每个杯的价格。然后再给他们选出一个杯。这个杯如果是受试者的第二选择，那么他很快就能找到这个杯比他的首选更好的理由。这很荒唐。然而，正是由于这种主观性把种种决定抛到脑后，人们才能朝其他关切问题前进。

抑制自私动机

　　人们会压抑自私动机，以及那些违反当地习俗的动机。弗洛伊德的心理冲突原始模型与此很符合。他将无意识看作受到超我抑制、不被社会接受冲动的旋涡。自我（ego）会进行调解，允许可接受的冲动，压制其余冲动。我们会幻想很多可能会发生的行为。焦虑在我们甚至还没意识到的时候，将某些路径完全阻挡。有些幻想持续很长时间，虽美好，但不现实。有些幻想则一直都在。然而，欲望和抑制之间始终处于焦灼状态。

弗洛伊德认为，许多问题根源的冲突都有一个直接的演化解释：社会生活的关键在于，权衡以长期社会成本换取短期个人乐趣的行为和抑制即时的自私动机来获得随后的社会益处的行为。当下的非法性行为会给声誉和人际关系带来长期成本，就是很好的例证。其他物种抑制其行为的能力就弱很多。我们可以控制自己的冲动，至少大部分人在大多时候都能做到，这多亏了有助于抑制和掩盖自私冲动的压抑能力。这种自私冲动的表达，会使合作和承诺变得不可能。亚历山大和特里弗斯提出的想法则与此几乎相反。压制不是让反社会动机那狡猾无意识的追求成为可能，而是让我们甚至不会意识到它们存在，从而成为更值得交往、行为符合道德标准的社交伙伴。

精神冲突根源这一权衡的两个方面，都得到了遗传研究的支持。研究发现了两种整体的精神障碍途径。[44,45] 第一种途径是通过内化，即抑制、焦虑、自责、神经症和抑郁症。第二种途径是通过外化，即通过追求自身利益而几乎没有抑制的方式，而这往往导致社会冲突和成瘾。对于第一类患者，社会选择一切都做得很好；他们对他人所需非常敏感，努力取悦别人。对于第二类患者，追求自身利益的倾向使他们没有什么道德牵绊或承诺的社会支持。我们大多数人都徘徊在两者之间。

这两个全面策略，和快慢生命史策略及其与精神障碍的可能关系密切相关。[46]早期的逆境提出忽略长期利益的感知价值，设定行为利用现在的机会，即便要以长期关系为代价。[47,48,49]这可能有助于解释早期逆境与边缘型人格的关联。[50]

启蒙

认为压制和缺乏自我认识会带来益处的想法令人不安。自启蒙运动以来，对进步的希望一直寄托在理性、尊重事实和批判性的独立判断之上。[51]这一观点受到启蒙运动观念的威胁：我们拒绝承认事实和扭曲现实的倾向，可能是自然选择塑造的有用适应。但是我认为：一方面有例子可以说明，压抑在为地球发展，促进高级合作和行动方面的关键作用。另一方面，无意识的扭曲也助长了部落思维倾向，这种思维现在正不幸地占据上风。

我认为客观性能让适应度最大化，但人类的群体生活要求热爱群体，保持忠诚。客观个体的价值受到贬低和排斥。对于体育迷群体而言，这并不是什么大问题，除了那些粗线条的人会表示主队能力不足。然而，推进神经科学、精神分析、行为疗法、家庭治疗，当然还有演化精神病学发展的群体，也倾向坚持忠于核心模式。不适合的想法和事实遭到忽视、反对甚至压抑。对其他观点过于客观或同情的人会被排除。这种深植的倾向可能对我们的基因有用，但对于那些在不同领域之间的联系中寻求真理的人来说，就可能是毒药。

4

失控行动与可怕障碍

第 11 章
性爱不和谐也好——对人类基因而言

上帝给我们学习设置的所有障碍中，我认为最残酷的障碍就是性。上帝在让我们天生有种感觉，自以为可以解决性的问题，性欲永远可得到满足……但实际上永远都满足不了。[1]

——M·斯科特·派克（M. Scott Peck），

《少有人走的路》（1993）

唯一不自然的性行为，就是你无法做到的性行为。[2]

——出自阿尔弗雷德·金赛（Alfred Kinsey）

这里是从极其宏观的角度谈论性假设，而不是性器官夸张的、躯体诱人、搔首弄姿的常见性幻想。这种性幻想反而会设想所有人类的性生活都很美满。他们都找到了两情相悦的伴侣。伴侣之间协调性欲水平，总是希望同时发生性行为。性怪癖和恋物癖协调获得相互满足。性器官的管道和腺体经久耐用，永远不会受到问题干扰。性高潮是电光火石般的身心快感，伴侣双方都感到愉悦。人们只希望与自己的伴侣发生性关系，否则，他们能接受伴侣与他人发生性关系。

唉，幻想而已。人们渴望得不到的，不珍惜已拥有的。他们比自己的伴侣想要的性爱更多，或者更少，或者不同。他们老想着在现实生活中永远无法实现的幻想。他们担心阳痿或没有性欲，担心他们的高潮来得太快、太慢或没有。而且，嫉妒会带来无法估量的沮丧和悲伤。

　　你会以为自然选择会做得更好。性是生殖的关键所在，因此在所有功能中，性应该是强大选择的对象。确实如此，但这恰是问题所在。自然选择塑造了我们的大脑和身体，以人类幸福为巨大代价来达到生殖最大化的目的。

　　性问题和性挫折虽然无处不在，但是即便在这个空前开放的时代，开诚布公地谈论性也还是很少见。跟朋友聊天，你可能会认为大多数人每周都会有好几次性生活。但是，你可能对他们的实际经历知之甚少，就像他们不了解你的性生活一样。精神科医生会听到其他听不到的事情。以下是我在诊所和精神病急诊室听到的故事片段。

　　"我一辈子都完了，只有死路一条。我有次出远门提前回家，发现我老公和我闺密躺在床上。我睡不着觉，吃不下饭，连个倾诉的人都找不到，她是我最好的朋友，他又是我的老板。我是要沦为流浪街头、乞讨为生的臭女人了。我想过杀了他或他俩。我再也不会相信任何男人。"

　　"我很沮丧，不知道该怎么办。我老婆吃糖果吃上瘾了，越来越胖，现在已经300磅（135千克）了，可她还会提出性爱要求，我就是做不到啊。我不想离开她，也不想找其他女人，但她一直要求做爱。我该怎么办？"

"没人想和我在一起。我只想找个还不错的、愿意搭伴生活、渴望家庭的人。但是我已经35岁，胸部开始下垂，长得也不漂亮。想约我的人都只是为了做爱。或许我可以试试找个女伴，但又过不了自己这一关。我一辈子就想着能和孩子一起，生活在有白色栅栏的小房子里。可现在，我已经是人老珠黄，想什么都没用了。"

"我没办法达到性高潮，除非有时候用振动棒。肯定是哪里出问题了，但我向来都这样。书上说要放松，继续尝试，但一点用都没有。我觉得我男朋友是知道我假装高潮的。有给女性服用的伟哥吗？"

"我在农场工作，有件事情没人知道，我和羊那个了，你懂我的意思吧。我努力控制，但我的身体不知怎么了，尤其到了晚上，就是无法阻止自己。要是被发现，我这一辈子就毁了。你这里有什么药可以让我不这样吗？"

"我跟我丈夫结婚，是因为他是第一个说爱我的男人，人又很好。但说实话，我对他从来没性趣。后来我背着他跟男同事约会。我跟我丈夫说要加班到很晚，不过他起了疑心，再加上我越来越不想跟他有性生活。那个男同事一点都不好，而且是已婚人士，很多时候就是个混蛋。你得帮帮我，我真的不知道该怎么办才好。"

"我们有两个问题：他那个老是还没进来，我就已经达到性高潮了，而且我怎么来都会痛。"

"糖尿病会对这个有影响吗？你懂的，就是来不了。我跟我太太在一起的大多时候，它都软趴趴的。但有时候又很坚挺，所以可能不是糖尿病的原因。"

"我有两个女朋友，快要崩溃了。她们都不知道对方的存在，但都起了疑心。我两个都想要，但坚持不了多久了。我没办法同时满足两个人，就那个方面。帮帮我吧，不然我真的要完蛋了。"

"我爱我的丈夫，但他总是要口交或其他花样，还说如果我不愿意，他就出去找人。他也不介意我出去找人。但我还是想跟他在一起……再说了，我也没得选择。"

"我做了些不该做的事，得了疱疹。如果被我丈夫发现，他肯定饶不了我。你把我送进医院治疗吧，至少不能让我回家。因为我一回家，他会扑到我身上，然后就会感染疱疹，那就什么都完了。"

最后，还有名患者第一次走到我们的诊所登记窗口预约，一来就脱口而出："我早泄。"

关于性的谈论无处不在，但认真探讨性行为是有风险的，因为人人都有不同的方式来处理性问题。有些人沉浸在自己的性取向中，不想听到任何问题；有些人害怕提到性，会选择逃避；还有些人尽量不去思考这个话题；大多数人都胡乱应付，尽量让自己得到满足，其他则一笑置之。面对性欲既不能被完全压抑，也不能完全满足的这个事实，以上这四类人都会感到不舒服。性的问题和它带来的快感相匹配，这是有充分的演化原因的。

同样地，我们的问题不是为什么有些人有性方面的问题，而是这些问题究竟为什么会存在。遗憾的是，为什么它们会如此普遍？最重要的答案很简单：自然选择塑造了我们不是为了幸福或快乐，而是为了最大化繁殖。

寻找／成为理想伴侣

大多数人对选择对象都很挑剔。对，非常挑剔。你有过悲惨的经历就知道了，如果你超过13岁，没有长得惊艳四座。如果你长相迷人，那么会遇到另一类问题：不断地被追求、操纵和欺骗，还会遭人嫉妒，其他人都无法想象你会遇到问题，就更别说同情你了。

偏爱健康、年轻、有吸引力的伴侣有个简单的演化解释：这样生出来的孩子也会健康漂亮，孩子的下一代也会如此。[3]偏爱善良、健壮、乐于助人、地位高、勤奋和忠诚的伴侣，至少会带来更多资源和帮助，孩子可能会更成功，还会有更多的子孙后代。对于自然选择而言，这就是最重要的。

挑剔对基因来说很好，但对个人来说就不见得了。很少有人能找到最心仪的伴侣。大多数人对自己不满，因为他们不是他人中意的对象。这种不满会让他们花费大量时间、金钱，去瘦身、化妆、美容、追逐时尚、上课、整形以及为各种社交竞争做准备。在求偶竞争中评价别人、被人评价、准备好被评价，占据了大部分人生。听起来真是残酷。有个朋友抱怨没找到合适的对象，另一个朋友说："你这是高不成低不就。"

现代媒体更是雪上加霜。在可行范围内只有6个潜在伴侣的狩猎-采集社会中,百里挑一找伴侣的希望很渺茫。如今,我们大多数人每天都会有几次看到广告牌上近乎裸体的性感模特,直勾勾的大眼睛让人意乱情迷。我们浏览杂志精修图中躺姿撩人的梦幻躯体。电视里那些非常性感、才华横溢、精力充沛的有钱人,似乎渴望以各种方式取悦自己的伴侣。即使在脸书上看到朋友恋爱顺利的消息,我们也会嫉妒,就算知道这样不好,还明知故犯。[5]此外还有色情作品,将每一个可以想象到的幻想都变为活生生的现实,激发无法满足的欲望。我们现实生活中的伴侣无法与之竞争。我们自己也做不到。

我们的想象力不断受到刺激,被现代媒体的虚拟现实所改变。我们对自己、伴侣或性生活都极少感到满足。演化心理学家道格拉斯·肯里克(Douglas Kenrick)进行了一项有趣的小型研究,要求男性受试者回答对伴侣的满意度。受试者平分为两组,在填写问卷前,第一组在房间里边等边看抽象艺术的书籍,第二组在另一个房间看《花花公子》。浏览过性感女郎图片的第二组人对自己伴侣的满意度暴跌。

自然选择创造了有助于防止这些问题失控的心理机制。其中之一便是压抑能力。但更重要的是,我们的寻偶模式对灵长类动物来说比较特殊。父亲都很舍得给孩子花钱。我们会依赖另一半。[7,8]更好的是,大多数人会坠入爱河,理想化自己的伴侣,对他人不再感兴趣。[9]先暂停一下,惊叹于这种浪漫迷情。它极好地展示了主体性的价值。正如萧伯纳(George Bernard Shaw)所说:"爱,使人极度放大了一个人与其他人之间的差异。"迷恋所致,眼中只有心仪之人,旁人皆黯然失色。这种主观性可以使生活变得美好。

唉，这通常只是片面的、暂时的。在《魔鬼的字典》（*The Devil's Dictionary*）中，安布罗斯·比尔斯（Ambrose Bierce）将"爱情"定义为"一种可以通过婚姻治愈的暂时性精神病"。[10] 2017年《纽约时报》月阅读量最高的文章为《你为什么会嫁给错的人》（*Why You Will Marry the Wrong Person*）。[11] 许多人都能维持长期的亲密关系，但问题多多。

有时，问题不在于是否寻得伴侣，而在于他们是否被社会接受。同性恋虽然在某些文化中仍受谴责，但越来越多的人认识到，这是个体无法控制或改变的深层模板。每次讲座结束后，我被问到最多的问题是同性恋的演化解释是什么。我经常设法绕过这个问题，因为它太让人担忧了，而且也没有广泛接受的回答，但已提出了几种可能性。

第一种解释是，男同性恋者仍可能有很多后代。也许就像电影《洗发水》（*Shampoo*）中描述的那样，相比其他男人，与女性有不正当关系的男同性恋者显然更有可能免受谴责。但这不太可能，男同性恋者的后代只有异性恋者的一半，这并不奇怪，因为大多数男同性恋者对女性没什么性趣。[12]

爱德华·威尔森（Edward O. Wilson）在他的《社会生物学》（*Sociobiology*）一书中提出，同性恋是资源和配偶稀缺时的一种适应性策略。[13] 某些鸟类经常使用这种策略。[14,15] 如果没有筑巢地点，幼雏会留在父母巢穴中，帮助抚养有一半基因相同的小兄弟姐妹，而不是在可能掉落的巢穴上浪费精力。不过，这与大多数人类同性恋者不同。在巢穴内帮忙的鸟类，在找到可用巢穴后，是很乐意交配的。

此外，同性恋者不一定是缺乏资源，也不是非得送命来帮助兄弟姐妹。威尔逊的假设说不通。[16]

针对同性恋还提出了许多其他可能的适应性益处。[17,18] 同性性交并不是神秘之事，许多物种都广泛存在这一现象，也有多种功能性和非功能性的解释。[19,20,21,22] 但让人不解的是，为什么个体会拒绝能繁衍后代的性交机会。

少数公认的相关事实之一是，成为男同性恋者的可能性与他有几个哥哥成正比。[23] 这表明怀男孩会以某种方式改变母亲的生理机能，从而影响未来的儿子。直至雷·布兰查德（Ray Blanchard）及其同事在2018年的一份报告中指出，同性恋者的母亲对蛋白质NLGN4Y的抗体特别多，这种蛋白质会影响大脑的性别分化。[24] 这点尚未得到证实，这也肯定不是全部事实。哥哥的数量只能解释男同性恋者这部分群体[25]；遗传因素有相关性[26]，但文化因素的作用明显。此外，这项研究未涉及女同性恋者。目前，未解问题远比已知答案要多。演化的角度有助于认识到造成同性性交倾向有很多种解释，但还需要对无性趣做出解释，毕竟性是繁殖后代的方法。

不协调的欲望

大多数年轻夫妇每隔几天会有一次性生活。因为卵子的存活时间有限，所以频繁的性生活可以最大限度地提高怀孕率。还因为古代环境中的夫妻因外出狩猎和采集探险，分开的时间较长。通常，伴侣分开几天就会很想重聚；这对他们、他们的生育能力和繁殖力都有好处。

然而，对许多夫妻来说，总有一方对性生活的要求更频繁。如果另一方出于责任和害怕而默许，可能就不那么浪漫了。即使伴侣的性欲水平大致相当，疾病、怀孕、担忧和疲劳也会导致暂时性失配。或有一方服用了导致性欲大减的抗抑郁药。在伍迪·艾伦（Woody Allen）的电影中，安妮·霍尔（Annie Hall）的治疗师问她："你和你丈夫多久一次性生活？"她回答说："挺多的，一周3次吧。"他丈夫的治疗师问他："你和你妻子多久一次性生活？"他回答说："很少，也就一周3次。"有时得到的回答则相反；很多女性愿意发生性行为的频率都比伴侣要高。

大多数伴侣会以接受、拒绝、没性欲无法满足对方、手淫和打趣的方式来搪塞他们之间不一致的性欲。然而，喜剧演员乔治·伯恩斯（George Burns）有句经典名言："关于婚姻和性 …… 结婚后，你可以持续很久很久很久 …… 没有性生活。"自然选择并没有塑造协调性欲水平的机制。这不只是糟糕透顶，简直是惨绝人寰。"

某天晚上，一名急诊室患者遇到了很常见的情况："我妻子不想跟我来，我不知道该怎么办。我愿意和她在一起，也想要性生活。"我清楚地记得他从资深医生那里得到的简单建议："你有4个选择：进行性治疗、离婚、出轨，不想离婚的话呢，还可以自慰。你只能做选择。"我觉得，仅进行一次简短谈话就草率给出建议，未免太简单粗暴，但这也的确是数百万人的窘境。

你认为有些文化可以找到方法，能维持相互满足的长期关系和完全满足性需求。但是，所有方法都涉及权衡利弊。强制执行一夫一妻制会引起不满；允许与他人发生性关系会导致嫉妒、冲突和分手。大多数文化都强调控制性行为以维护关系。然而，如今有些人则通过不产生依恋来保持性交机会。有些喜欢随意性交的人，尽量不与同一个人反复发生性关系，从而避免依恋感和关系结束后造成的伤痛。

　　谈论性生活很容易，好像大多数夫妻只是单纯性交，仅此而已。但是，对特殊性行为的渴望也会引发很多问题。常见的冲突起因之一是口交。性、屈服和支配之间的深层联系把我们带到不一样的领域，早期的演化精神病学家已经对此进行了深入探讨。[27] 有些伴侣喜欢捆绑和调教的性爱游戏，但对更多人来说，尝试让伴侣扮演这种特殊角色是操纵和让人沮丧的做法。有个很早之前的笑话，讲的是性受虐狂说"鞭打我"，性施虐狂就会回答："就不打。"

　　迷恋让人神魂颠倒。为什么有些人要靠4英寸（1英寸 = 2.54厘米）的高跟鞋和发亮的黑色皮革来唤起性欲？说"人"不恰当，因为基本上都是男人才有这些无敌怪癖。一名女士在写给性爱咨询专栏作家的信中问："上哪儿能找到一个没有这种变态想法的男人？"专栏作家回复："在坟墓里。"

　　你会认为自然选择会确保男人一直喜欢与女人性交，因为这会使怀孕概率最大化。然而，有些男人宁愿被人戴上手铐，给他打飞机。受不太准确的线索唤起性欲，对女性健康的伤害远远大于男性。[28,29,30] 对于女性来说，选择好伴侣非常重要，因为女性的后代数量受到所需巨大投入的严格限制。[31,32,33] 对于男性来说，任何有点类似配偶或与配偶有关的对象，或许都值得追求；这么做的成本低，生殖效益却可能很大。这就是为什么男人容易以为一次小小善意邀请也会带有性暗示，加州大学洛杉矶分校演化心理学家马蒂·哈瑟尔顿（Martie Haselton）通过扩展了烟雾探测器原理这个失误管理理论，来解释这一现象。[34]

然而，这并不能解释恋物癖；它只解释了为什么恋物对人来说成本更低。许多恋物癖的物品在幼儿时期比较明显，如脚丫、鞋子和被打屁股，这表明早年印记或将这些线索与性欲联系起来。[35]有名患者只要处在尿布里就能"性致勃勃"。这种迷恋似乎是系统的病理副作用，这个系统将某些刺激物与早年的力比多联系起来，达到我无法想象的目的。

性唤醒及其缺失

相比女性，性唤醒缺失不仅在男性中更加明显，也更有害于其适应度。原因有很多，包括饮酒、疲劳、服药、动脉粥样硬化、神经损伤、荷尔蒙失调和焦虑。除了焦虑，其他都是出于某个原因的机制故障。焦虑就是另一回事了。正如《共病时代：医师、兽医、生态学家如何合力对抗新世代的健康难题》（*Zoobiquity：The Astonishing Connection Between Human and Animal Health*）[36]一书所述，虽然遇到危险会让"性致"消退，但如果遭到旁人攻击，更甚者，被流言蜚语淹没，这可能会救己一命。这会陷入恶性循环。害怕性爱表现不好会引起焦虑，焦虑又会让表现不好，从而导致更多焦虑和更差表现，在反馈周期中，沮丧的伴侣会因羞辱性评论而急剧加重。

生物技术解决了大多数此类问题。20年前，谁能想到依靠某种药物就可以勃起？伟哥给数百万人带来了奇迹。如今，勃起功能障碍药物的市值约为每年40亿美元。[37] 药理学改变了性的世界，为众多男女带来愉悦感。不过，还有些觉得自己没救了的女性感到沮丧。

女性的性唤醒困难不太明显，但更为常见。女性的生理唤醒缺失，通常伴随心理唤醒缺失，但有时精神热切渴望，肉体却畏缩不前。然而，目前尚未发现帮助女性使用的性唤醒药物。可能不久后就会研制出，到时性世界将再次发生变化。如何变化？现在就来预测一下意想不到的结果。你先猜一猜。

高潮不同步

所有关于性功能障碍的书籍都有单独章节介绍男性早泄，却根本不涉及女性早发性高潮。这些书都有章节讲述女性高潮延迟或无高潮的现象，但对男性的同样问题仅一笔带过。没有哪本书解释为什么男性会早泄，而女性高潮延迟或无高潮。这种高潮不同步，可能是自然选择以快感为代价来换取繁殖最大化的特殊例子，实为一大憾事。

尽管已有50多篇论文发表探讨这一问题，女性高潮究竟为何存在，仍然存在争议。一方认为，女性高潮或能通过选择性地从伴侣获得精子或增进彼此关系，从而提供特定的适应度优势。[38,39,40] 伊丽莎白·劳埃德（Elisabeth Lloyd）全面总结了情绪高涨的反对者的观点，即女性高潮是对女性基本没有适应性意义的副产品，就像男性的乳头一样。[41]

君特·瓦格纳（Günter Wagner）和米哈埃拉·帕夫利塞夫（Mihaela Pavlicev）最近提出一个复杂的演化观点，表明性高潮源于许多物种在交配需诱导排卵的机制，人类女性高潮是该系统的遗迹。[42,43,44] 他们还指出，其他物种的阴蒂类似器官位于阴道内，人类女性阴蒂位于阴道外便是自然选择的产物。这些结论似乎很合理。然而，即使女性高潮是遗留现象，也需要解释为什么男性会比女性更早高潮。其中一种可能性是，女性高潮较慢仅仅由于其调节机制不取决于自然选择。然而，据研究表明，达到性高潮的速度受基因的影响，而不受社会或婚姻状况等其他因素的影响。[45,46]

另一种解释是，女性高潮比伴侣慢、男性高潮更快都会提高女性的受孕率。早泄过快，比如进入阴道之前，会大大降低适应度。但这与"在人们希望之前"达到高潮相比，算是很罕见的，因为"早泄"的定义有时各不相同。接受保密调查的男性中，有1/3自称出现早泄。[47] 按照威廉·马斯特斯（William Masters）和弗吉尼亚·约翰逊（Virginia Johnson）的定义"在伴侣得到满足的一半时间前就无法继续下去"，男性早泄率会更高。一项针对500对伴侣的研究发现，性交持续时间从半分钟到40多分钟不等，平均约为5分钟。[48] 按照病理学的一般定义，最极端情况的概率为1%或2%，即不到一分钟就达到高潮被认为是异常。[49] 但是，有些灵长类动物射精只需几秒钟。相对来说，5分钟算比较长了。人类长时间持续性交，是否像某些人所说，目的是把另一个男人留在体内的精子搅出来[50,51,52]，是为了巩固情感纽带，还是纯属生理意外？尽管已经收集到许多灵长类动物的性方面数据，但无法确切回答。[53]

　　繁殖最大化要求男性在阴茎处于正确位置将精子射向卵子时达到高潮，随即停止。[54]继续性交会导致精子偏离原有路径。[55,56]因此，男性在高潮过后会出现有利于其基因的极度敏感状态，但是对伴侣来说，却是很扫兴的事情。男性不应期内不可能再次性交，间隔时间从几分钟到几小时不等，从而确保精子有充分的时间穿过输卵管。

　　对于女性来说，任何在伴侣射精前就让性交停止的基因倾向都会被淘汰。假如女性的性反应周期与男性相同，往往比伴侣先达到性高潮，然后变得敏感，停止性交。这样一来，几乎无法受孕。这种系统会极大损害适应度，但对女性来说，男性高潮较早却不是问题。女性达到高潮所需时间比男性多得多，有研究显示，75%的女性从未在性交时有过高潮。[57]高潮后，大多数女性都希望再继续，有些人还会有多次性高潮。不过，也有小部分人变得敏感或疼痛，想停下来。你可能以为很容易找到，女性在性高潮后而不是伴侣射精前想停止性交的频率，但我找不到有此类科学研究发表。不过在互联网上，许多女性都自称高潮后会非常敏感，随即停止性交。如果这种情况只发生在少数女性身上，则无法延迟高潮的女性就会被淘汰。

　　鉴于这些并发症，也就难怪高潮不同步是常见现象，且向来都是男性更快达到高潮。一项大型全国性调查的结果显示，无法达到性高潮的人中，25%为女性，只有7%为男性。大约30%的男性自称早泄，但女性连这方面的测量都没有。[58]在另一项研究中，只有10%的女性自称一直都是通过性交来达到性高潮。[59]根据伊丽莎白·阿姆斯特朗（Elizabeth Armstrong）在2013年的一项调查，在短期恋爱关系中，男性自称达到性高潮的次数是女性的3倍，但在长期恋爱关系中，女性的性高潮次数却显著上升。[60]目前还不清楚其原因是稳定的恋爱关系，还是因为男方不急着完事儿，而是耐心学会该怎么让女方达到高潮。

整体结论很简单：男人可以轻松达到性高潮，而许多女性，甚至是大多数女性都没法高潮。《美国医学会杂志》（*The Journal of the American Medial Association*）在1999年发表的一项研究表明，43％的女性患有"女性性功能障碍"（female sexual dysfunction）。[61]这一数字引发了讨论和更进一步的研究，挑战了使用男性性反应模式来定义"什么对女性来说才是正常的"这一观点。[62]

高潮不同步的近因是阴蒂的位置。如果它离阴道更近，会在性交过程中受到更多的刺激，导致更快的性高潮 —— 也意味着降低受孕率。这个逻辑很有说服力，但需要对假设进行检验。对此开展的研究如下：以1 000名未采用避孕措施的女性为研究对象，测量阴蒂位置，观察阴蒂离阴道更远的女性性高潮是否更少，但10年后子女数量更多。有些研究既不切实际，也不符合道德规范。

另一项更可行的研究则测量阴蒂和尿道之间的距离，观察阴蒂位于更多刺激部位的情况下，性高潮是否更常见。玛丽・波拿巴公主（Princess Marie Bonaparte）完成了这项研究，并于1924年以化名A. E. Narjani公布了结果。[63]玛丽・波拿巴是法国拿破仑一世的大侄女，她本人就患有性冷淡。她还曾患强迫症、焦虑症和其他症状，也许是因为她母亲在其出生一个月内就去世了，她父亲对他的冰川研究比对她的研究更感兴趣。[64]

1925年，她向西格蒙德·弗洛伊德（Sigmund Freud）求教，不久后，弗洛伊德每天与她约见两个小时，同时逐渐疏远了另一名女性崇拜者露·安德烈亚斯·莎乐美（Lou Andreas-Salomé）。[65]据说玛丽公主向弗洛伊德表白时，他喜出望外。波拿巴不仅美丽动人，还是皇家出身，家财万贯，可谓是富可敌国。她外公在摩纳哥拥有房产，包括赌场。弗洛伊德受到纳粹威胁时，她支付了大笔赎金让他安全逃到了英格兰。

众所周知，弗洛伊德对玛丽公主说过他有个难解之题："女人想要什么？"[66]我们不确定，但她很有可能回答了"经常高潮"。玛丽公主不仅为自己求助，作为科学家，她还试图解释问题。她进行的这项研究测量了200名女性的阴蒂和尿道开口之间的距离，并询问其中43名女性的高潮频率。她的结论是，阴蒂所在位置能得到更多阴茎刺激的女性，性高潮更为频繁。她为了验证自己的理论，于1927年做了重置阴蒂的实验性手术，还发表了对手术技巧的描述。[67,68]这次手术并不起作用。尽管如此，她的性生活还是很活跃，与法国总理阿里斯蒂德·白里安（Aristide Briand）等男性都长期维持恋情。后来，她与他人共同创立了巴黎精神分析学会（Paris Psychoanalytic Society），直至1962年都一直从事精神分析工作。

2011年，性学研究者伊丽莎白·劳埃德和金·瓦伦（Kim Wallen）重新分析了玛丽公主的数据，[69]以及心理学家卡尼·兰迪斯（Carney Landis）在1940年发表的数据。他们证实了玛丽公主的基本假设，即阴蒂的位置会影响性高潮的频率。当然，整个方法都以阴茎为主，不论手指、舌头和振动器等更有助于达到性高潮的方法。分析结果还说明了人类试图弄清楚何为"正常"，而忽略影响伴侣性行为的个体、伴侣和文化之间的巨大差异。玛丽公主发现了一个细微且有价值的问题，并大胆进行令人惊叹的科学实验，广获赞誉。这比其学术继任者早了将近一个世纪。

关系问题

对于人类而言，性涉及的不仅仅是选择伴侣、性唤醒和性高潮。对于我们大多数人来说，亲密关系是我们生活中最有意义的事情。出于充分的演化原因，这些关系也常常硝烟四起。其中一些原因在第9章已有总结，不过，部分原因与性特殊相关。

对于大多数灵长类动物来说，父亲除了对精子和后代可能有一定保护作用，也就没其他贡献了。[70]在数年艰苦的育儿期间，雄性和雌性灵长类动物的紧密合作，除了少数例外，对人类来说是独特的。[71,72,73]什么样的选择性优势可能会形成一种机制，让伴侣信守承诺，多年来共同照顾后代、减少配偶呢？关键在于，我们的交配模式与鸟类的交配方式相同，形成原因也相同。[74,75,76,77,78,79]鸟类必须结伴才能筑巢育儿。独鸟无法捕足食物。即使可以，远离鸟巢会让鸟蛋冷却、幼雏被食。

与其他灵长类动物的婴儿相比，人类婴儿出生时非常无助，要过好多个月才能长大。单亲无法提供所需的护理。有哪些好处可以弥补数月提供24小时护理和多年照顾的巨大成本呢？好处就在于拥有庞大的大脑和良好的发育。[80]在子宫中再多待几个月的婴儿，头部过大不适合穿过骨盆开口，会危及胎儿和母亲的生命。[81]此外，经过多年学习和吸收文化知识后，婴儿的大脑袋会变得大有用处。[82,83]

还有其他线索也证实了人类生殖策略的特殊性。[84,85]大多数雌性灵长类动物每年都有短暂的受孕期，在这期间会出现红臀、信息素和挑逗行为。而女性人类不仅不会在受精期大肆张扬，反而通常完全不会意识到这点。她们还会惊慌失措地计算安全期来避孕。尽管一些科学家不同意，但有些科学家还是认为隐瞒排卵期是有用的，因为可以使伴侣对父亲这一身份更加自信。[86,87,88]与一名女性的现任伴侣竞争就为了一次交配的机会，实在不值得，因为随机选一天性交就怀孕的机会很小。排卵期非常隐秘，使男性更有信心维系长期关系，确信自己就是长期伴侣的孩子的父亲。反过来，这也塑造了为孩子提供长期护理的动机，毕竟孩子的一半基因来自他。比较研究表明，整体情况更加复杂，但核心思想仍然很重要。[89]

相互支持的伴侣关系的选择性优势，塑造了维持关系的机制。其中一个机制是在伴侣之间产生的深刻情感依恋。[90]另一个机制是定期性交，促进缩宫素分泌，增强情感联系。[91,92]夫妻在怀孕期和哺乳期间发生性行为怀不了孩子。不过，这些时期的性行为还是能通过维系伴侣关系来提高繁殖成功率，因为伴侣关系是成功养育后代的关键所在。[93]

这些机制都有助于维持关系，但从长远来看，它们是不可靠的。人类学家海伦·费舍尔（Helen Fisher）通过跨文化研究得出，人类交配关系平均可持续约7年。[94]除了主要伴侣之外，有意与其他女性发生性关系的男性，往往比其他男性拥有更多后代。[95,96]所以，大多数男人甚至连眼睛都管不住也就不足为奇了。人类有数百种不同文化，其中大多数男性若负担得起，是不会被禁止拥有超过一个伴侣的。[97]但这并不代表女性也愿意。男人与其他女人发生关系会传播疾病，减少与第一个伴侣及其子女的时间和资源，因此女性会反对这种关系也很容易理解。

女性也会出去寻欢，有时还会导致意外怀孕。不过，这通常更能带来其他好处，包括资源、地位、保护，以及可能更好的后代基因，还有快乐。[98,99,100] 比起不在意伴侣偶尔怀上他人孩子的男人，试图阻止伴侣出轨的男人拥有的后代数量更多。男性的性嫉妒会降低这种风险，但要付出的代价是极大不幸、拌嘴斗舌和暴力相向。[101]

男人和他们建立的权力结构千方百计想要控制女性的性欲。这些策略在很大程度上决定了文化的样子。演化历史学家劳拉·贝兹格（Laura Betzig）致力于研究男人如何控制和利用女性性欲这段不光彩的历史。[102] 定居农业的兴起使食物得以储存、财富可以积累，从而改变了一切。[103,104] 人类很快用自己的财富来控制其他人，尤其是女人，困她们于闺房之中。成吉思汗后宫佳丽逾七百，这也是为什么约8%的亚洲男性都携带他遗传下来的Y染色体。[105]

总体模式为偏态繁殖，有些人的后代数量比其他人多得多。在某种程度上，情况向来如此。但是，新的遗传分析表明，从约1万年前开始，Y染色体上的多样性显著减少，反映了生殖偏差的加大。[106] 这大致发生在农业的兴起，带来定居社区和财富积累的时期。市场经济和复杂社会的兴起，使得流动性再次发生变化，以至于现在的人类群体制定并执行规则，限制强势男性三妻四妾的能力。[107] 最后，目前情况正在改变，计划生育和经济独立都赋予了女性政治权力，以此来摆脱男性统治。

然而，这些仅仅是通则式概括。它们对理解为什么婚姻和其他性关系经常如此困难、性障碍为何如此常见都提供了有用的基础说明。然而，几乎没有涉及文化的多样性，更不用说文化中的个体和伴侣。它们根本没有解释大多数关系中错综复杂的情况。不过，它们确实有助于解释许多伴侣如何能够在几乎没有困难的情况下，享受令人满意的性生活。自然选择塑造使长久承诺关系成为可能的机制，性是这张多年编织而成、图案丰富的关系网的组成部分。演化观点不仅解释了性问题的普遍性，也解释了人类爱情的奇迹。

新技术与性

新技术正在迅速改变行为、习惯和法律，以至于自然选择无法跟上变化节奏。最大的变化是可靠的节育措施的出现。性不再与生殖有内在联系，而是成为许多人的娱乐方式。禁止婚前性行为和多个性伴侣，都不再是避孕的必需途径。态度也在快速发生变化。认为婚前性行为"完全没有错"的美国人，占比从20世纪70年代的29%上升到2012年的58%。[108]性爱并非没有风险。在一段时间内看来，对性传播疾病的控制似乎确实成功了，但抗生素耐药性以及艾滋病病毒和其他疾病的流行，让安全套和警告比以往任何时候都不可缺少。

另一个戏剧性的变化是月经初潮发生的时间，从平均年龄16岁降至12岁。[109,110,111]然而，大脑成熟还不够快，因此在大脑有能力提供指导前，很多人都还不够成熟，早早就有了性行为。

近几十年来，美国人的嫉妒感下降，至少人们已变得不太能接受吃醋这种表达方式[112]，但它仍然是我们本性的一部分。[113]解释它的起源并不影响它的力量。我曾经听过一位心理治疗师描述，他如何在伴侣治疗中运用他的演化新知识。"我向他们解释，"他说，"男人内心渴望与其他女人发生性关系，所以女人没有必要对偶尔出轨感到不安。"他没有说这是如何起作用的，但不难猜到，这番话帮助这对伴侣达成了一致 —— 需要另寻治疗师。

新媒体的出现让能挑起性欲的图片，不可避免地出现在公共场合，还可私下获取色情作品。超过10万名专业人士和数不胜数的业余爱好者，数量庞大的一群人正在摄影机前做这件事，以供数百万人观看。[114]十年前，互联网色情市场据估计约为每年400亿美元，现在已经大幅缩水，并不是大家没了兴趣，而是现在很多都是免费提供了。[115]振动器和其他性用品的市场出现爆炸式发展，对人际关系产生了重大影响，因为它们作为通往平等机会获得独立性快感的方式向女性推销。[116]能够通过互联网远程操控振动器的系统，让与千里之外的伴侣性交互成为可能，虽然可能会泄露隐私；最近，有该类设备制造商被发现保存了用户记录。在许多地方，有偿性行为仍属违法，但比以前要少。新科技时代，性机器人的出现也指日可待。[117]

性会往何处发展？唯一可以肯定的是，新技术正在改变性选择的速度，比文化可以改变其传统的速度更快，也快于自然选择对大脑的改变。我预测会出现更多快乐和新问题。而为什么性是喜忧参半的演化解释，有助于找到更好的解决方案。

第 12 章
原始食欲

暴饮暴食和食不果腹一样，都不健康。

——威廉·莎士比亚，

《威尼斯商人》(1596) (1.2.5-6)

积极的反馈有时有趣，有时有害。看到小雪球从山上滚下越来越大，或者一小根火柴引起火光漫天，会让人毛骨悚然。但是，失控的卡车和心脏病发作都是灾难。一点斑块中的微小破裂会引起冠状动脉紊乱，导致血栓形成，使动脉变窄，引起更多紊乱和凝血，最后完全阻塞的动脉导致心脏病发作。焦虑和情绪障碍的积极反馈，也会导致近乎极其严重的螺旋效应。

恶性循环是饮食失调的主要原因。体重超标造成关节疼痛、疲劳和难以运动，导致肥胖加剧和运动量更小，循环往复逐渐致病。甜食会吃上瘾，即所谓的糖瘾。[1]内脏中以糖为食的株菌会操控我们吃更多的甜食，以让它们比其他细菌生长得更快。[2]

全面稳定身体状况的系统会防止出现极端的恶性循环。体温下降时，会开始发抖，直到体温恢复正常；体温升高时，会出汗降低体温。

低血糖促进进食，或将储存在肝脏中的糖原转化为葡萄糖；高血糖会释放胰岛素，使血液中的葡萄糖进入细胞。这些系统就像恒温器那样维持机体稳态，即内环境处于相对稳定状态。

　　当某方面过高或过低时，这些系统便启动；恢复到正常范围后，便关闭。身体有多少个这样的系统？数以千计。它们控制着大规模的功能，如血压、心率、呼吸和进食，还让数千种不同的化学物质、激素水平以及细胞分裂率保持在受限范围内。它们甚至可以调控基因的开关。复杂的自稳定系统是生命的本质所在。

　　而稳态控制系统的失效，则是疾病的本质所在。如今，调节体重的系统经常出现问题。在美国，体重正常的成年人占比从1962年的55％，急剧下降到1990年的44％，2000年降至36％，2008年又跌到32％。肥胖者（身高1米55，体重超过约92.25千克）的比例自1962年以来，增加了一倍多，从13.4％上升到超过34％。[3]在美国，三分之二的成年人体重超标或肥胖。[4]

　　我们不需要体重计来告诉我们是否超重，照照镜子就知道了。然后，决定减肥。应该靠意志力来控制饮食。可最后，我们还是有意决定打开冰箱，心甘情愿把冰激凌倒入碗里，举起勺子张开嘴，吃个精光。就连吞咽也甘之如饴。因此，数百万人决定增强节食的意志力。

　　通常，体重会在几周甚至几个月内下降。然而，90％都会出现反弹，通常比节食前还重。[5]这个根本就是望尘莫及的目标！控制体重的尝试让数百万人心灰意冷，不仅因为体重，还因为缺乏自制力。他们（我们也一样）每天告诉自己"不要吃太多"。但大多时候，我们还是管不住那张嘴，然后陷入自责。

减肥失败不仅会降低外表吸引力，还会导致沮丧、消沉、低自尊，还有理由产生对疾病和死亡的恐惧。与正常体重的人相比，肥胖者患慢性健康疾病的可能性会增加50%。[6]这与30至50岁的人患同类疾病的增加概率相同，也是吸烟者患同类疾病的增加概率的两倍多。[7]在美国，每年约有30万人死于肥胖。[8]

解决方法可想而知：更努力减肥。我们得克制自己，少吃多动。善意的专业人士一直都这么说，重复强调。杂志、书籍、电视和互联网都能看到。你医生的办公室和你工作的地方也都会看到。生怕我们不知道似的！但光劝诫还不够，于是我们花钱求助。仅在美国，减肥行业每年的消费总量就高达600亿美元，一半来自产品，一半来自服务。[9,10]减肥药、食品、咨询专家、诊所、水疗、手术和锻炼计划都兴旺发展，更不用说成千上万本励志书籍，每一本都提供自己特殊的减肥秘方。不过，事实证明有益的很少。出现那么多解决方法的原因是，没有一种特别有效。

要想找到更好的办法，就得先弄清起因。对此开展的研究也不胜枚举。数以千计的文章给出了可能的解释，每种解释的根本都在于体重控制机制可能出现一些故障。[11]是因为瘦素吗？还是遗传异常？深度不安全感？有没有早恋？试图填补心灵空虚？杂志中的理想形象？广告宣传？微生物组？缺乏新鲜健康的食物？只是不知道吃什么？漫天飞舞的解释证明了对这个问题仍缺乏真实可信的了解。

我们所知的情况大致如下。通常调节进食的大脑机制复杂，干预任何单个因素都不太可能提供简便的解决方案。我们无法准确预测谁会变胖，但遗传变异和社会因素都很重要。1980 年左右，美国开始出现肥胖现象，当时发生了很多变化，包括更多久坐不动的工作、快餐、高脂肪和糖的新加工食品、人造甜味剂、抗生素和大众媒体。目前尚不清楚其中是否有主导原因，或是这些因素综合起来造成肥胖症的流行。无论是哪种变化所致，大多数人都确实出现肥胖症状，因此追查原因不妨试问：那些能够保持正常体重的人，有什么不同之处吗？

控制系统仅在一定范围内工作。笔记本电脑配有冷却电路的系统，不过说明书明确指出"仅在 4.4℃到 43.3℃时使用"。如果把电脑放在室外烈日下，系统来不及冷却，那电脑很快就会关机。如果你在炎炎夏日里待在户外，没有防晒，也不补水，身体很快就受不了。

现在，我们所处环境的温度没有祖先的那么极端，但我们却面临其他类型的极端情况，尤其是高食品摄入和低运动量。系统演化出调节饮食的功能，能极好地防止饥饿过度。检测到身体热量不足时，系统会产生饥饿感，让人竭尽全力获取食物并吃进肚子。缺乏这种系统的人，即使挨饿一小段时间，也会因此丧命。

相比之下，防止体重超标的系统作用微弱。那些因基因变异导致体重过高而难逃旧石器时代捕食者的人，已经被淘汰。然而，被追捕的过程中，体重过高的风险要小于体重过轻。即使在现代社会中，体重每减一磅（1 磅＝ 0.45 千克）导致死亡的概率，也比每增一磅的概率增长快。[12] 因此，防止肥胖的大脑机制要弱于防止饥饿的大脑机制。

肥胖流行病的主要演化解释显而易见：调节体重的机制并不适应现代环境。走进一家现代杂货店，就像把电脑置于烈日之下。这个环境超出了控制机制的适用范围。我们的生活环境与演化环境大不相同，在演化环境中，所有人的进食都出奇正常。人类祖先每天要走上几英里路去狩猎和采集，渴望能找到任何东西来充饥。他们发现的食物主要是高纤维水果和蔬菜，还有小鱼和肉类。那不过是几千年前，对很多其他类型群体而言，时间更短。

剧变发生的速度比新控制系统的发展速度快得多。最大的变化是约一万年前的农业扩张。干旱、人口剧增和政治冲突仍会导致间歇性饥荒，但更完善的储存、运输和经济体系则大大降低了风险。随后的重大变化是城市、市场和交通的发展，进一步提高了可用食物的数量和保障水平。在最近几十年里，食品生产的工业化与市场营销相结合，为各地人们提供想吃的任何食物。人类的梦想终于实现了！

杂货店货架上的食物是经过选择的 —— 不是自然选择，而是我们选择。食品工程师使用脂肪、盐、糖、碳水化合物、蛋白质和化学品结合成各种形状、颜色和口感的食品，然后在商店货架上架。我们选择自己想要的东西。我们所购买的东西，会占领更多货架，催生更精准满足我们欲望的同类产品，就像自动导向喷气发动机的热跟踪导弹一样。扫一眼便利店就知道了：一行行薯片、糖浆坚果、裹满巧克力的水果，还有双层巧克力布朗尼优质冰激凌。如果不想咬食，可以到唐恩都乐（Dunkin' Donuts）点杯大的冰焦糖咖啡加奶油，一杯喝下990卡路里（1卡 = 4.18焦耳）。我们吃惯了的食品产品都是变成现实的梦想，随处都能买到，便宜得很。

可惜，我们想吃的对身体都没什么好处。不信问问你的医生如何均衡饮食，你都猜得到医生会怎么回答：应该吃多点蔬菜和水果、复合碳水化合物、少吃脂肪肉、少吃糖。或者更简洁地说："不要吃你真正喜欢吃的，只吃那些你不太爱吃的。"这讽刺真让人受不了。我们有无限供应的食物，想吃什么就吃什么，想吃多少就吃多少，但这么吃却会让我们发胖、沮丧、生病、短命。

结果是，数百万人现在每天都要忍受坦塔罗斯（Tantalus）的折磨。作为希腊神宙斯的宠儿，他首桩罪恶恰恰就是将上帝神圣的蜜酒仙丹分给凡人。众神发现后非常不满。他假意赎罪，邀请众神做客。为试探神祇是否通晓一切，将自己的儿子珀罗普斯杀死做成一桌菜来招待众神。后来，众神以近乎残忍的方式惩罚坦塔罗斯：他被永远锁在一池凉爽清澈的水中，只要弯下腰要喝水，漫到嘴边的池水就会流走；香味弥漫的无花果、蜜水欲滴的生梨和火红火红的石榴抬头可见，但他就是吃不着。饥渴挨饿的折磨让他陷入一道深渊 —— 永远无法得到满足。

我们的环境就像折磨坦塔罗斯的诱惑，但我们没有被束手束脚。意志力细线般的束缚起不了什么作用。因此，我们吃的那一刻很开心，接下来就得长期忍受羞耻和疾病。更糟的是，节食会使体重设定值上升[13,14,15]，还会减缓新陈代谢。那些在电视节目"超级减肥王"（The Biggest Loser）中减掉几百英磅的人，就算正常摄入卡路里也还是会让体重增加，尽管他们体形依然庞大。[16]但是，还有些人过度节食，导致了更严重的问题。

厌食症和贪食症

我清楚地记得，一名20岁的女子住院时只有不到32千克，好多天都在鬼门关外打转，因为她连水都不喝。她总以为自己很胖很丑，一照全身镜，只看到自己胖胖的样子。但在我们眼中，她就像集中营的受害者一样。她早餐只炫耀般吃点即食麦片，一脸优越地看着那些没有这种自制力的人。我告诉她不必马上吃任何东西，但必须喝水保命。她同意了，情况稳定下来。我们让她参加了一项需要规律进食的行为治疗计划，但她的体重并没有增加。后来，我们在她衣柜里发现一个很大的塑料废纸篓，装满了呕吐物。住院治疗几个月后，她活了下来，体重恢复了正常，但她仍然只关心自己的体重，不停地狼吞虎咽，然后又吐出来。

贪食症是自制能力更弱的神经性厌食症。和厌食症一样，贪食症也会大幅限制食物摄入量，但总是无法控制而暴饮暴食。然后呕吐、服用泻药，或采取极端的锻炼方式。贪食症比厌食症更常见，更少人能在饥饿状态下控制自己不吃东西。

厌食症和贪食症通常源于快速减肥。过度节食几天后，满脑子想的几乎都是食物。有时候，任何触手可及的食物都会一下子吃个精光：半加仑的冰激凌或整条面包。你试过尽可能久地屏住呼吸吗？最后憋不住，就会不自觉地倒吸一大口气。贪食症患者的暴饮暴食也正是如此。

我在医疗和外科病房为精神病患者提供咨询时，偶尔会遇到一名外科医生，他拒绝对肥胖患者进行手术，即使患的是癌症，除非该患者减重。有时会听到外科医生说："进食是有意行为，想不吃就可以不吃。"我说："要不我给你解释食物摄入调节的这会儿，你试试憋气？"很少有人响应，不过我阐明了自己的观点，也得罪了好几个人。

设想你这两天只吃芹菜和喝水，刚刚却一下子吃了半加仑的冰激凌。有什么感觉？当然是恶心想吐。呕吐可以缓解恶心，防止吸收卡路里。但你会觉得羞愧、恐惧和绝望。你控制不了饮食。如果继续这样下去，你真的会变胖。什么才是顺其自然的做法？更加努力控制。下定决心接下来三天内不吃东西。到了第二天晚上，你突然发现自己手捧将近一升的花生酱瓶，里面已经空空如也。怎么办？吃泻药？每次饭后都吐出来？每天完成燃烧 4 000 卡路里的运动计划？

许多研究分析了大脑机制或基因，以解释为什么有些人的饮食更容易出现失调。与此不同，我们的任务是为了弄清为什么人类会有如此容易失调的饮食调节机制。首先，认识到自然选择已塑造了强大的机制来防止饥饿。这些机制促使饥饿的动物获取食物 —— 任何食物 —— 并快速食用，吃的也比平常多，因为食物供应明显不稳定。该系统还可上调体重设定点，因为当食物来源不稳定时，额外的脂肪储存是有用的。而且如上所述，减肥会降低新陈代谢，这在挨饿时可以，但减肥时却刚好相反。此外，间歇性获取食物意味着食物供应不稳定，因此造成食物摄入增加和暴饮暴食，就连老鼠也是如此。[17]

饮食失调患者的某些特殊行为恰好说明了这点。我们的厌食症患者常因偷糖果被抓，所以我们得跟医院礼品店的工作人员搞好关系。更常见的是，我们发现被褥或壁橱角落里藏有偷来的甜食。难以想象有人的生存得靠偷取食物，然后藏好，再偷偷吃掉。然而，集中营的幸存者自称，他们会随时偷窃和藏匿食物。[18]我们不知道那些没能幸存的人的行为。神经性厌食症和贪食症患者四周都是过剩的食物，但他们的身体只感受到饥饿。在只要获得多一点卡路里就能改变生死的情况下，这些患者的行为是恰当的。

精神病学家希尔德·布鲁克（Hilde Bruch）经过深思熟虑描写了她治疗过的数百名饮食失调患者。[19]她观察到，大多数疾病都源于极力减肥，但减肥动机各不相同。有的厌食症患者很小就开始注重外表；有的受父母影响，以为瘦的人更可爱；有的为自己非凡的自制力感到自豪，往往还会蔑视那些自制力较弱的人；有的主要就想和多事的父母对着干；少部分是由于疾病原因意外引起的体重下降[20]；有的则是经历了创伤性事件，悲剧的是，通常为童年遭受性虐待，导致借助肥胖避免成年后发生性行为；在极少数情况下，脑肿瘤也会抑制进食。通常需要综合考虑各种原因，才能解释为什么有些人患病，有些人没病。然而，绝大多数饮食失调都是由于害怕肥胖，从而造成严重节食。[21,22,23]

饮食失调的易感性受遗传因素的影响。如果双胞胎中有一人患有神经性厌食症，那么同卵双胞胎中的另一人，比异卵双胞胎中的另一人患厌食症的概率要高。约有一半的个体易感性差异可归因于遗传差异。[24,25]这使得饮食失调看似是异常基因引起的遗传性疾病，但实际上表明环境快速发生了变化[26]，导致严重饮食问题的异常基因或已被淘汰。对新疾病的风险造成影响的等位基因，大多是只在新环境中引起问题基因脱轨。例如，近视主要受基因影响，但变异不是异常，这种基因在儿童生活在户外、不用学习阅读的文化中，不会造成什么问题。[27]和近视、吸烟、药物滥用和肥胖一样，厌食症也是在现代环境中产生的疾病，大多数影响此症的等位基因，是自然环境中的无害变异。

不过，遗传学家懂得如何寻找基因，也付诸了实践。100 多名研究人员对 5 000 多名厌食症患者和 21 000 名对照受试对象开展研究。他们调查了整个基因组，寻找提高厌食症患病率的基因定位。最后确实找到了一处。[28]另一项最近发表的研究分析了 3 495 例神经性厌食症病例和 10 982 例对照组中的 10 641 224 种遗传变异。研究发现，整个基因组中有一处定位增加了厌食症的患病风险，但确切来说，这一发现并非确凿证据。第 12 号染色体上的等位基因出现在 48% 的研究病例中，但这一比例在对照组中只有 44%，并且该等位基因仅提高了 20% 的厌食症患病风险。[29]饮食失调并非由异常基因引起，而是与异常环境相互作用的正常基因所致。

演化心理学和饮食失调

演化心理学家提出了饮食失调可能带来的益处。米歇尔·塞比（Michele Surbey）指出，时机不当的话，神经性厌食症患者月经周期停止可能会延迟繁殖。[30]和其他很多物种一样，人类也有机制在可用卡路里不足成功怀孕所需时，会停止生殖。[31,32,33]系统不仅监控脂肪存量，还监控可用能量的变化。体重暴跌或运动量堪比芭蕾舞者或马拉松运动员时，即便体重正常，该机制也会关闭生育能力。[34]事实上，无痛症中的闭经是有用系统的产物，但食物稀缺时，生殖能力会自行关闭，没有必要绝食。

其他演化心理学家认为，厌食症可能是女性竞争配偶的极端策略，如果男性喜欢身材偏瘦的女性，女性为了脱颖而出会变瘦。[35,36]但是，男性通常更喜欢年轻能生的女性，还要拥有丰乳肥臀，完全不是瘦骨嶙峋的体态。[37]让上述假设更加站不住脚的是，大多数厌食症女性患者似乎都不想找男人，没有性趣，也就不会有很多孩子。

那些将厌食症视为性竞争产物的人，并不都认为厌食症本身就是一种适应；最值得注意的是，求偶的极端竞争策略经常过火。这似乎也说得通：女性的厌食症患病率是男性的十倍。另一种假设称，女性这么做是为了争夺地位，但是一项对200多名年轻女性开展的研究发现，饮食失调更常见于求偶竞争，而不是地位竞争中名列前茅的女性。[38]对心理学的外行人来说，女性非常明显是意图让最优秀的男性特别关注到自己的身材。

甚至有人提出，限制食物摄入是在饥荒期间的有效策略。"逃离饥荒"理论旨在解释食物为何供应不足，以及厌食症中常出现的运动过量，这些都组成从食物短缺之处转移到食物丰富之处的策略。[39]我找不到这种观点和其他可能性的意义所在，除了用来举例说明VDAA这种错误。神经性厌食症和贪食症是新疾病，没有一点可取之处。

新问题

虽然饮食失调的例子在历史上随处可寻，但从20世纪60年代开始，饮食失调在技术先进的国家变得更加普遍，首先出现在上层阶级的女性群体中，随后传播到社会经济领域。[40]现代环境中的哪些因素解释了这一近代兴起的流行病？有几种合理的可能性。当人类生活在30到50个觅食者的小范围内时，只有少数潜在配偶，而且外表都很相似。在现代社会中，个体的外表于千千万万人之中能一眼认出，包括整容脸。我们在电视上看到的帅哥美女千里挑一，都是经过精心挑选，再加上有意锻炼和借助手术打造而成。那些基本没有塑身美容过的，就采用人工修图，根据大众审美精修细改，就像适于我们食用的块状棒棒糖一样。

没有人能真正达标。有些人设法控制体重，拥有苗条纤细、凹凸有致的身材。大多数人一直在努力控制饮食。但有部分人却很不幸，往往是那些最薄弱的人，他们会陷入积极的反馈旋涡，越来越强烈的减肥欲望导致饮食失控，又更加担心体重增加，于是铆足了劲节食，造成体重设定点上升。生命就在这样的螺旋发展中自耗而尽。

当我问一名厌食症患者每天喝多少罐苏打水时，我听到的回答把我吓蒙了。"大概18罐。"她说。暴饮暴食后排泄清肠的患者平均每周喝40罐，吃100包人造甜味剂。[41]这不足为奇，饥饿的人都会渴望甜食。

成熟复杂的机制使身体为糖负荷做好准备。摄入糖能促进胰岛素分泌，从而降低血糖。[42]如果是人造甜味剂，没有真正的糖进入，激增的胰岛素会降低血糖水平，增进食欲，但针对这一现象的研究很棘手，得到的结果也不一致。[43]

不仅舌头有味觉受体，胃和小肠也有[44]，因此在测试人造甜味剂的功效时，让受试者把甜味剂含在嘴里和吞咽到肚里，两者是不同的。此外，人造甜味剂对肥胖和纤瘦的受试者的作用也不一样，而且，不同人造甜味剂的功效也不尽相同。[45]

肥胖人群食用的人造甜味剂增加，可能是原因，可能是结果，又或者两者都是。在得克萨斯州圣安东尼奥市，一项针对3 682人开展的研究发现，体重正常、每天饮用超过3罐人工加糖饮料的人，6年内发胖的风险增加了一倍。[46]担心自己体重的人，会特别偏好喝这些饮料吗？还是他们觉得不含卡路里的饮料他们能喝更多？有两篇评论文章指出，并未有系统证据表明人造甜味剂的摄入会使体重上升[47,48]，而近期的更大规模研究则表明，这是有可能的。[49]这个问题存在争议，证据也很难给出解释，因为有些研究是人造甜味剂制造商支持发起的，这有关他们数十亿美元的利益。

瘦婴成胖人

大约30年前，英国医生戴维·巴克（David Barker）观察到，出生时特别瘦的婴儿长大后往往会患上肥胖症[50]，也特别容易患冠状动脉疾病和糖尿病。这些发现提出了经典的演化难题：这些改变是源于子宫内营养不足损害代谢控制机制，抑或只是适应性反应？

曾任新西兰总理首席科学顾问的医师兼科学家彼得·格鲁克曼爵士（Sir Peter Gluckman）提出了非常有趣的想法：子宫营养不足意味着环境恶劣，在这种环境中，改变新陈代谢是明智的，因此可以储存更多卡路里。[51]他称之为"预测适应性反应"（predictive adaptive response）。受这一想法启发的惊人研究表明，在子宫内过早暴露于热量匮乏，会增加DNA的微小分子，阻止部分基因生成蛋白质，这一过程称作"基因组印记"（genomic imprinting）。[52]这些变化会改变新陈代谢，导致肥胖和动脉粥样硬化，还会遗传给下一代，因此孩子出现肥胖的风险可能会受母亲或外婆的饮食影响。[53]这一发现或能例证所谓的表观遗传效应（epigenetic effect），但其他机制也可能影响后代，如母亲行为的改变。[54]

富有进取精神的灵长类动物学家珍妮·汤（Jenny Tung）发现了验证预测适应性反应理论的机会。她研究了在干旱时期怀孕的狒狒，随后几年对其幼崽进行跟踪调查。又一次干旱发生了。在干旱时期出生的小狒狒能不受这次干旱的影响吗？不能，它们比其他狒狒受到的影响更大。[55]这项实验并没有击破预测适应性反应的观点，但却很好地表明了创意十足的科学家是如何想方设法验证假说。

有人会认为演化的观点就意味着一切都由遗传决定。恰恰相反：自然选择塑造的系统可以监视环境，以有用的方式调整身体和行为以适应环境。防御性晒黑反应会在暴露于阳光下时开启。被使用的肌肉会增强以满足行为所需。另一个可能示例为预测适应性反应。西蒙弗雷泽大学演化生物学家伯纳德·克雷斯皮（Bernard Crespi）、英国著名研究人员丹尼尔·内特尔（Daniel Nettle）和梅丽莎·贝特森（Melissa Bateson）解释了为什么这种自我调节系统本身很容易出问题：它们都需要积极反馈才能将系统转换成不同模式，但积极反馈始终不易控制。[56,57]

演化的观点未提供预防或治疗饮食失调的捷径，但提出并回答了新问题。这一观点解释了为什么节食会调高设定点：当食品供应不稳定时，适宜增加储存；它解释了对饥荒、狼吞虎咽的有效反应，如何逐渐导致贪食症和厌食症。该观点还表明调节体重的大脑机制难受影响，不要指望能找到引起饮食失调的特定缺陷基因，强调关注可能影响新陈代谢的现代环境，如人造甜味剂和抗生素。具体到我们讨论的话题，演化解释说明了为什么严重节食会导致饮食失调和体重增加。

这些原则或有助于找到方法控制饮食失调这一流行病。对已患厌食症或贪食症的人来说，认识到积极反馈如何助纣为虐对行为改变也会有所启发。对其他人来说，可以激发与治疗师的有益讨论。理解为什么难以控制饮食，也会催生更微妙的，有时甚至是矛盾的策略来控制饮食。正如慧俪轻体（Weight Watchers）和其他项目所说，规律轻食比啥都不吃更有效。

坦塔罗斯在糖果店里边看色情片边用手机刷朋友圈

饮食失调只是现代环境让我们落后的大脑陷入困境的其中一个例子。随着各种资源越来越容易获得，我们都面临着像坦塔罗斯那样的多重困境。

如今的社会资源和食物一样丰富。Facebook、Twitter和Snapchat打造了新型社交方式，对于人际关系而言，就好比糖果之于食物。眼看其他人成为Facebook大V或Twitter红人，激起人们更大的社交欲望。这种差距会滋生不满情绪。

枯燥乏味、繁重劳累的工种正在消失。成千上万的新型职业可以满足行业人才从事有意义的工作的想法。然而，仅少数人能获得满意的工作，其他人唯有在工厂、酒店、快餐店和大型商店眼巴巴地羡慕。好机会只降临在他人身上会引起嫉妒之情。

如今，许多人都可以获得超出以往皇宫贵族想象的物质财富。物产极大丰富，以至于有人以帮他人购买、管理和丢弃过剩物品为生。我们的大脑不仅未做好准备接受如此的物质过剩，也没准备好应对社交媒体和快速食品。我们可以控制不在亚马逊购物，就像可以管住嘴巴不多吃一口热巧克力圣代。

吸引力和能力并非唾手可得，但我们现在会将自己与演员、模特、音乐家、艺术家、运动员、政治家和万里挑一的表演者进行比较。我们会看那些讲述激情四射、雄心勃勃的年轻男女如何克服重重困难，最终喜获成功的电影，而余下众多的失败者却很少受到关注。

计划生育和疾病预防使更多人能更常过上性生活。然而，广告、振动器和视频挑起了以前只限于想象的欲望。所以，虽然性生活更频繁，但是性欲也更强了。从 Match.com 到 Tinder，恋爱关系和性关系的机会如今也成了欲望和欺骗的全世界范围的交易。对此，我们不知所措——除了改善体态，再找人拍些好看的照片。

坦塔罗斯的行动受限，所以他永远无法满足自己的欲望。不受束缚的我们，只能"作茧自缚"。有的人会咬紧牙关节食；有的人会拔掉网线，再寄回给自己，这几天也就没法上网了；许多人会抱团一起控制欲望。更多人选择了心理治疗和冥想。之所以有这么多种解决方案，是因为欲望不会遭拒。一味满足欲望容易造成过度，引起更强烈的沮丧；试图放上盖子只会增加锅内的压力。

　　这一冲突由来已久。古希腊的哲学家也曾给出可能的解决方法。[58] 享乐主义提倡不受约束地追求快乐。斯多葛主义建议追求美德、忍受痛苦，学会克制以避免被欲望牵引。伊壁鸠鲁主义认识到痛苦源于追求欲望，所以鼓励享受得到的快乐，但要与欲望和社会奋斗保持距离。生活在物资极大丰富的环境会带来新问题 —— 但都是很多人心甘情愿遭受的"第一世界"问题。

第 13 章
好感觉的坏理由

> 诺亚随后开始耕作，开辟出一座葡萄园。他喝下葡萄酒，赤身裸
> 体地醉倒在帐篷内。
>
> ——《创世纪》9:20-21（《新美国标准版圣经》）

我们的咨询精神病学家团队正在病房巡诊。内科医生让我们见一名45岁、肝脏衰竭的女性患者。医生告知她，如果还喝酒，她就会没命了。她回答，她不在乎。医生都认为这是自杀行为，应该请精神病医生过来看看。

她看上去像个已死之人，皮肤浮肿发黄，手臂无肌肉，腹部肿胀得像怀了孕。我们组的资深精神病医生小心翼翼地轻声询问她喝酒的情况。她回答说："我就喜欢喝酒。你们阻止不了我。谁都阻止不了。"精神科医生向她说明，继续饮酒会导致她在几周内死亡，她可以选择接受治疗。"然后呢？"她说，"我宁愿喝死，也不想活了。"

那名精神科医生试图进一步了解情况时，她打断了他，停了停，恶狠狠地瞪着在她床尾围了半圈的年轻医生。"我戒过10次酒，但每次都不成功。现在戒也没用，我不想戒了。你们帮不了我，没人帮得

了我。我已经下定决心，就不要再劝我了。"将她的无助描绘成一种选择为她保留了一丝自尊，但也只像绞刑架上的囚犯拉紧了脖子上的绞索。第二天，她办理了出院，奔向每年因酗酒身亡的那10万美国人的不归路。[1]

药物滥用也付出了惊人的代价。在美国，30％的成年人在某种程度上可以被诊断为酒精滥用或酗酒。[2] 2015年，美国8.4％的男性和4.2％的女性患有酒精使用障碍，10％的人口使用非法药物。[3] 烟草使用更常见，也更致命。全世界有超过10亿人对尼古丁上瘾，其中超过三分之一为15岁以上的男性。在美国，成人吸烟率虽降到了20％，但每年仍有48万美国人因吸烟导致死亡，几乎是酒精的5倍。[4]

受到牵连的人远不止那些嗜酒和烟瘾成性之人。有些人还记得自己放学后带朋友回家，发现赤身裸体醉倒的父母。有些人生活发生转变，是因为醉醺醺的父亲开车撞到树后，说话出现障碍或无法继续工作。8岁时，父亲每晚都会闯入你房间，可能会打你，可能对你毛手毛脚，或可能只是胡言乱语，坚称要给你更多关注，这时的你做何感想？晚上明明听到父母大喊大叫，威胁要取对方性命，醒来又听到他们否认有事发生，那是什么感觉？室友整天只会抽大麻，不去工作，不交房租，也不搬走，你会怎么做？

旧问题和新问题

药物滥用问题的严重性，激发人们花费更多努力寻找解决方案。

大多数人提的问题都很常见[5]：为什么有些人会上瘾，而有些人却不会？是什么大脑机制导致药物滥用？哪些预防和治疗策略最有效？现在虽已掌握了大量信息，但还是没能阻止问题频频发生。

我们一如既往地提出了不同的问题。为什么我们这个物种容易上瘾？使用药物、酒精和烟草会导致那么多人过早死亡，你会认为自然选择会消除使某些人更容易受影响的等位基因。但事实并非如此。为什么？即使不考虑自然选择，你也会认为人们会了解到这些物质的危险性，然后避免使用。有些人会这么做，但大多数人都不会。

成瘾的根本原因在于我们的学习能力。[6]剥夺学习能力，就能根除药物滥用。这一做法不切实际。学习能力大有裨益，拥有僵化的预编程所不具备的优点。强化学习通过选择，而非自然选择起作用，不过是在不同行为之间进行选择。个体所做的事情五花八门。会得到奖励的行动，变得越来越频繁，而失败或带来疼痛的行为则会越来越少。

有6种方法可以撬开硬壳取出开心果。那些会撬断指甲或一点都撬不动的方法会被抛弃；但有用的方法会重复使用，逐步改善。要摘树上的水果，你可以爬树、用棍打、用石头砸或摇树。最有效的方法都会被重复使用。吸引潜在恋爱对象的方法也有很多种。任何有用的方法，都会引起多巴胺激增，不仅会带来愉悦感，也会促使再次使用同样的方法。性高潮就是很有力的强化刺激。学生通过观察斯金纳箱（Skinner box）里的老鼠，从中了解到学习机制就是简陋的条件反射，正如给个巧克力豆就能解决问题。然而，面部表情、触摸和音调也是强化刺激。甚至你从单簧管听到的音调，也可以让你的嘴巴吹得更好。多巴胺的细微改变，逐渐将一个句子的连贯版本固定到页面上。

劫持

当行为控制系统正常运行时，会有数百万个神经元在处理数十种听觉、视觉、触觉、味道和气味线索。如果繁忙紧张的大脑模式就好比先前为人类祖先或个体提高适合性的模式，那么多巴胺会瞬间释放，重复任何让人感觉良好的行为。

增加或模仿多巴胺的药物，劫持了这些微妙的机制，就像飞行员驾驶舱内的恐怖分子一样。[7]这些药物绕过大脑导航系统，控制操纵杆。药物到达控制中心之前出现的提示变得诱人。吸毒者转向它们，达到目的后，他们会重复任何之前能获得奖励的行为。那个冰冷肮脏、浓烟缭绕着一盏孤灯的房间，根本没有任何吸引人之处——除非你在那里注射了海洛因。在这种情况下，你会被引回这个房间，到那儿后，八九不离十，你肯定会给自己扎一针，诱导多巴胺激增，向你的大脑发出信号，表明你增加的适应度相当于拥有了16个子孙后代。

正常的奖励追求可以自动调节。进食起初令人愉快，但是吃饱后，就算再有一小块巧克力蛋糕，也会犹豫了。性可以很好地说明欲望在一段时间内会减弱。社交应酬的乐趣持续时间更长，但过了一段时间，兴趣会下降，然后向其他地方转移。选择从未塑造类似的系统来控制药物摄取。药物带来快感，导致欲望和用药增加，陷入恶性循环，直至死亡。

这些对人类祖先来说，都不成问题。纯粹的药物不能轻易获取，因此不会对防御系统造成伤害。这也提示了另一种戒瘾方法：时光倒流，回到一万年前，回到农业时代前。这跟剥夺学习能力一样，不切实际。然而，药物滥用是种影响巨大的疾病，由人类祖先大脑与现代环境不匹配所致。

新的药物净化技术、新的施用途径（如卷烟纸和皮下注射针）和新的运输与储存技术结合了市场经济，以确保药物的获得使用。法律和警察对此基本没有取得进展。市场兴起提供人们所需，技术也不断调整适应变化。各种禁止措施促使药剂师发明出新的、更有效、更容易私运的成瘾物。

为什么植物能制药？

成瘾化学制品比药剂师出现得早，因为有植物存在。为什么植物可以制成精神药品？肯定不是为了寻开心。可卡因、鸦片、咖啡因、致幻剂和尼古丁都是神经毒素。自然选择塑造出这些药物，因为含有昆虫毒素的植物不太可能被吃掉。很少有昆虫能食用烟叶。尼古丁是有效的杀虫剂，喷洒含烟草的水可保护果树的树叶。咖啡因看似无害，但一粒咖啡豆足以杀死一只老鼠。

大多数使人产生兴奋感的化学物质，经过演化都可以破坏昆虫的神经系统。如果大脑使用不同的化学物质，人类就不会那么脆弱。但是，我们与昆虫有共同的祖先。大约5亿年前，人类祖先从节肢动物分裂出来，节肢动物演化成现在的昆虫。然而，人类和昆虫拥有大致相同的神经化学物质。幸运的是，大多数植物神经毒素都无法杀死人类。我们已经演化成可以食用植物，体形比昆虫大得多的生物体，所以低剂量的毒素不足以致命。但是药物却能劫持我们的动力机制，控制我们的生活。

有心理学家认为，是自然选择让人类喜欢吸毒喝酒。[8,9] 其中有些建议值得商榷；其他则不应轻信。例如，有人提出，嗜酒之人是否更容易酒后乱性，这样会直接提高适应度。这种想法让我震惊，感觉是心理学学生喝醉了，满怀希望在酒吧守株待兔。在人类祖先的社会环境中，抑制解除的趋势是否也会产生类似的生殖优势？我对此表示怀疑，但社会化药物使用在狩猎采集社会中很常见，所以很难下定论。

据说，喝酒（特别是啤酒）可以降低感染风险，因为发酵饮料比水携带的细菌少。这个想法很好，但无法得到历史或科学的支持。[10] 有个更好的看法，即过熟水果所含的酒精可以提供营养。[11] 这也说得通，但酒精对奖励机制的影响，也可能是偶然出现的副作用。[12] 无论出于什么原因，人就是喜欢喝酒，考古学家在一些最古老的罐子里发现了发酵残留物。我们甚至有理由相信，古人甘愿干枯燥无味的农活，部分原因是为了收获可用来酿酒的谷物。[13]

人类之所以偏爱烟草，或因为尼古丁是很好的驱虫剂；它能麻痹蠕虫，使它们无法活动于肠道，然后被驱出体外。[14,15,16] 如果当真如此，你会认为烟草通常用于蠕虫流行的地方，主要是蠕虫较多的人，大多采用口服而非吸食。然而，各种各样的物种都容易出现尼古丁成瘾；只有少数野生动物食用含有尼古丁的植物，而人类通常不会食用这些植物。

生活在安第斯山脉的人，咀嚼古柯叶已有数百年历史。特别是在高海拔地区，古柯叶有助缓解疲劳，帮助人们从事体力劳动。但我没有证据解释人类为什么会喜欢可卡因。可卡因极大强化了大多数动物的行为，而不仅仅是人类。[17]

但这并不意味着，植物因含有毒素而不受人类影响。我们非常喜欢这些植物，所以选择了具有尼古丁含量高的烟草和四氢大麻酚（THC）含量高的大麻。我们种植了数千英亩（1英亩 = 0.405公顷）的烟草、大麻、古柯和罂粟，使这些驯化品种比不能提供同样快感的同类植物具有更大优势。爱德华·哈根（Edward Hagen）及其多名同事已提出，人类使用和受益于植物精神活性化学物质的历史由来已久，足以保护自身免受其毒性作用影响。[18,19,20]

老问题升级恶化

药物使用与其带来的问题都不是什么新鲜事了。我的两位朋友、人类学家保尔·特克（Paul Turke）和劳拉·贝兹格（Laura Betzig）到太平洋的一个小环礁上进行了田野调查。[21]

当地男性每天会花数小时撒网捕鱼。他们还会砍断棕榈幼树的树冠，以断口处流出的树液酿酒，用绳子扯弯树枝以便酒液滴入罐子里。几天后，他们再返回收集发酵好的酒，大家一起把酒言欢。用来制作棕榈酒的花盆和绳子，就是早期的药物用具。每一次技术进步，都通过更直接的施用方式，提供更纯净的药物。

发酵容易，蒸馏更难。不过，蒸馏所需的知识和设备如今几乎随处可得。由此生产出的烈酒，更容易引起酒精上瘾。即使不上瘾，喝酒也很危险。自有文字记录开始，设法控制烈酒一直都是政府和警方面临的挑战和职责所在。

咀嚼烟草会产生轻微兴奋感，做成雪茄吸食产生的快感就更强。但卷烟纸和温和烟草出现后，人们可以大口吸食，这会将尼古丁直接吸入大脑。因此，相比其他物种，烟瘾会造成更多人类死亡。

野生大麻的药效较弱。培植的大麻浓度会增强好多倍，经提取所得的强效THC浓缩物会造成更强烈的迷幻感，而不止是轻度兴奋感。

咀嚼古柯叶以获能量的食用方法已有数个世纪的历史，但直至19世纪中叶才开始有人提取古柯碱。20世纪初，古柯碱广泛用于饮料和补品中，发展之快，以至于不久后便颁发法律条规来控制其使用，主要不是因为成瘾，而是食用者会出现行为失控。[22]与19世纪的很多人一样，弗洛伊德也食用古柯碱。[23]不过，古柯碱引起的问题与20世纪80年代风靡的强效纯可卡因相比，可谓大巫见小巫。

吸食天然鸦片会成瘾，这在17世纪新贸易路线将鸦片带到欧洲之前，就已经是印度和中国长期存在的顽疾。此后不久，英国东印度公司在中国倾销印度鸦片。[24]当时的中国政府于1799年发令禁止鸦片进口。1839年，英国派遣舰队试图捍卫其在中国的鸦片贸易。活性成分吗啡更容易致瘾。1804 年，有人发现了吗啡的提取方法。1827 年，吗啡于首次由默克公司（Merck）销售。19 世纪中叶，吗啡的销售额在皮下注射针发明后飙升。20 世纪初，拜耳公司（Bayer Company）将海洛因作为不致瘾的吗啡衍生物进行销售。20 世纪 20 年代，美国根据 1914 年颁发"哈里森法案"限令，禁止了海洛因的使用，但是其交易和致瘾吸食者仍然有增无减。[25,26]

事情发展的轨迹清晰：我们的大脑一直以来都会轻易被酒精、大麻、烟草、古柯和鸦片控制，但随着化学、运输和技术的发展，这些药物不仅品种增加、纯度提升，也更容易获取，其造成的问题也随之升级恶化。以往出现的错配情况不利；现在则是雪上加霜。

安非他明等药物，从一开始就是合成而来的，但它们的作用源于与神经递质的相似性。易于合成的甲基安非他明的出现与静脉注射相结合，导致瘟疫发生，使整个国家陷入瘫痪。[27] 新的超级强效合成麻醉剂的发明，让禁止这些药物几乎无望。卡芬太尼的效力是吗啡的一万倍[28]，仅接触就会因药效过强而致死，因此警方人员在处理缴获毒品时，都必须戴上手套。走私一个打印机墨盒就能装下一百万剂。[29] 想象一下，要把它放进奶粉中搅拌稀释到适当浓度，未搅拌充分的话，残留浓度更高的药品包装袋会导致周围社区出现中毒致死的惨剧。

戒除、想要和喜欢

我第一次了解药物滥用时，重点在于戒除。这就是需要医生管理的主要方面；然而，这种观点会让人误以为，继续使用药物主要是为了不戒除。戒除很痛苦，但即便戒除，学习能力也会维持药物使用。

戒断综合征反映了正常有效的调节过程。对身体系统的持续刺激，会造成稳定系统的反向转变。晚上几杯酒下肚后柔和平静，换来的是凌晨3点就醒了；安非他明引起的兴奋和能量，几小时后被抑郁和疲劳取代；服用速效抗焦虑药数月后，会下调唤醒系统。一旦突然停药，补偿系统就会把焦虑水平推向新高。最高权威向精神病医生保证阿普唑仑（Xanax）不会致瘾的那几年，我给许多患者都开了这种药。该药下架期间，很多病患经历的痛苦仍然让我感到内疚，怎么会蠢到天真地相信那些不过是制药公司药托的专家。

行为调节系统利用精心控制的积极反馈，将行为从某一活动转到另一种活动中。在旧活动的奖励暴跌的同时，新活动的奖励会飙升。现代环境中的超级线索可以劫持此类系统。薯片广告发出挑战——"打赌你肯定不止吃一口"。薯片公司赌赢了，我们输掉了正常的饮食。

大多数活动的周期都可预测。一旦活动开始，我们就会持续直至结束，这对任何干涉的人来说实属不幸。放下报纸比放下薯片更容易，放下薯片又比放下爱情容易。至于吸食古柯碱嘛……无论什么活动，都是一开始就刺激活跃起来，难以停止。

为什么行为调节机制会把活动分为相互独立的部分呢？最接近的解释得从大脑机制中寻找。演化原因为大多数行为都有启动成本。这就好比花时间去找另一处覆盆子灌木。设想你用5分钟摘果子，接着出去建篱笆，再和朋友聊会儿天，然后回来再摘5分钟。一天下来，非但你吃不饱，篱笆没围完，你朋友还可能会很烦躁。

　　滥用药物的问题不在于引起快感，而在于增加欲望。我的同事、心理学家肯特·贝里奇（Kent Berridge）指出，这种"渴求"系统往往压倒并超过"喜欢"系统，因此一些长期使用者会极度渴求不再带来愉悦感的药物。[30]"渴求"仅是开始，即使吸食后的兴奋感不再令人愉悦，他们还是把所有的时间、精力、思想和金钱都砸进了买毒吸毒这个无底洞。

为什么有些人特别脆弱？

　　不是每个人都会上瘾。有些海洛因使用者甚至可以想吸就吸，想戒就戒。易感性的变化就像其他性状一样，主要来自遗传变异。[31,32]使人脆弱的等位基因似乎是种缺陷，但在没有药物使用的情况下，它们不会影响适应度。然而，等位基因可能会影响行为。当务之急是要弄清楚影响的方式。

　　我怀疑，那些特别容易上瘾的人可能会使用与其他人不同的觅食策略。对奖励的敏感度越高，他们就越有可能回到以前那个地方寻找食物。而大脑不易上瘾的人，可能会在更广范围内寻找。应该看看孩子是如何寻找覆盆子。来自容易上瘾的家庭的孩子，与其他孩子的觅食方式不同吗？如果确有差异，应该有可能发明出计算机游戏来预测，哪些个体特别容易上瘾，这比任何问卷、访谈或基因测试都能更好地预测。

由于文化差异，特别是宗教教义和领袖强制执行的禁令，不同人群在药物使用方面差别很大。然而，在某个人群中，生活艰苦的人更容易吸食。[33]生活缺少乐趣和受到焦虑、情绪低落或无聊困扰的人，都会觉得吸毒更好玩。大量文献资料描述了人格、创伤经历、贫困和生活困难是如何影响成瘾的易感性[34]，结合遗传变异来解释为什么有些人会更加脆弱。

驯服瘟疫

在提供更快治愈成瘾的新方法方面，从演化的角度思考并不比其他角度更胜一筹。它甚至没能解释药物是如何改变大脑机制。但是，它确实纠正了错误的想法，为新的研究提供了建议。对于公共政策而言，可能造成的影响令人沮丧。在各个国家里，定罪和禁止的措施让监狱满员，滋生政府腐败。然而，在任何地下室都能合成效力更强的药物，使情况越来越不可收拾。合法化的方法似乎不错，但会导致更多人成瘾。最有效的防御可能是教育，但那些可怕的故事更加激起孩子想吸毒的念头。每个孩子都应了解，毒品会控制大脑，让人变成行尸走肉，也没有办法知道谁会先上瘾。他们还应知道，一旦成瘾，飘飘然的兴奋就会消退。

我们亟须新的治疗方法。美国国家药物滥用研究所负责人诺拉·沃尔考（Nora Volkow）表示，在理解大脑机制致瘾原理方面取得的快速进展，会推动阻止这些机制的新药出现。[35]这提出了切实可行的方法。药物滥用的流行是新环境所致，但改变社会环境难以实现，改变人性更不可能。更有可能的解决办法，还是改变大脑。

第 14 章
在适应度悬崖边失衡的大脑

　　人脑较他者的优越性（……）是为何精神障碍为人类最显著，也可能最常见的现象的原因（……）。最长且可有效运行的神经束（……）可能在执行复杂的、濒临超负荷边缘的行为，会以灾难性方式让步（……），很有可能严重到精神错乱。

——诺伯特·维纳（Norbert Wiener），

《控制论：关于动物和机器的控制与传播科学》[1]

　　精神分裂症、自闭症和双相情感障碍是各不相同的疾病。精神分裂症是认知功能损害，对患者来说，每件事都充满过多的个人意义，无法将内心世界与外在生活分开，导致出现幻觉和妄想。自闭症在早期儿童身上表现为缺乏与社会交流，伴有重复刻板行为和无社交思维的孤独离群。双相情感障碍是情绪稳定器受损的结果，会引起抑郁和躁狂交替发作。以上3种都是骇人听闻的疾病。

　　这些疾病尽管存在差异，但也有共同特征，这让演化的角度特别能发挥作用。3种疾病都分别影响了全世界约占1%的人口。症状较轻的患者比例占2%至5%。患病的可能性最主要取决于人的基因，可是，精神分裂症或自闭症患者的孩子比其他人的少。从演化角度提出的问题显然是：为什么自然选择没有消除导致这些疾病的遗传变异？

有非常充分的证据说明是遗传原因。遗传变异解释了约70%的双相情感障碍患病风险[2]、80%的精神分裂症患病风险[3]和50%的自闭症患病风险。[4]父母或兄弟姐妹患有其中一种疾病，该人患同样疾病的风险会增加约10倍。[5,6,7]双胞胎之一患有其中一种疾病，则另一人的患病风险会超过50%。[8]

由于同卵双胞胎并非总是同时患病，因此有人认为还应考虑环境因素。然而，对收养儿童的研究表明，收养家庭对患病风险的影响很小。同卵双胞胎之间的差异，更可能是由影响大脑发育的偶然变化引起的，如哪些基因何时被开启或关闭，以及神经元发育的游走路径。

我希望更早了解到这些是遗传病。我记得试图安慰一名大失所望的母亲，她儿子因精神病住院好几个月，但医生不允许她在这期间去看望儿子。更糟的是，医生都说，是她与儿子的早年关系，导致了儿子的精神分裂症。长大后患有精神分裂症的婴儿的家庭录像带显示，父母对待他们与兄弟姐妹相比略有不同。然而，出现这些差异，不是因为父母的行为导致精神分裂症，而是因为这些婴儿在精神分裂症倾向方面，已经稍有差异。[9]我的患者感到内疚不已，且极为焦虑，但当时还没人能够肯定地告诉她和医生，父母养育与患精神分裂症无关。

自闭症也被归咎于父母，尤其是过于理性的"冰箱母亲"（refrigerator mothers）。我遇见过这样的母亲，一名成就斐然的学者。她真是名副其实的知识分子，但不冷漠；她因为儿子的病横遭指责，对此感到愤怒，后来又心生沮丧和内疚，以为真的有可能是自己害了儿子。她有点不太善于社交，很多自闭症患者的亲属都有此特征，这也不足为奇，因为她与患自闭症的儿子有一半相同的基因。这些错得离谱的疾病理论，造成了无法估量的伤害。万幸，我们现在得到更多了解，可以让那些已经身负重担的患儿父母免遭莫须有的愧疚之情。

虚伪的希望

千禧年之际，人们对不久后发现的导致这些疾病的等位基因抱以很高期望。那时才刚刚进行人类基因组的排序工程。成本更低的遗传数据获取方法正在上线。所有迹象都表明，很快就会发现这些疾病的遗传原因。数十种不同的基因都疑似引起精神分裂症，研究耗资约2.5亿美元。然而，这项真正意义上的首次大规模研究表明，早时发现的那些疑似基因都不是致病原因。[10,11] 所有工作都花在追逐虚幻的数据目标上。

进入下一阶段，则开始检测整个基因组，而非特定基因。研究人员观察所有23条染色体的标记，看看哪些定位上的变异在这些疾病患者中比其他人更常见。彻底细查基因组得出的定论：并无实际增加精神分裂症、自闭症或双相情感障碍患病风险的共有遗传变异。[12,13] 有些虽会增加风险，但提高率不足1%。所有影响精神分裂症风险的基因座加起来，才解释了5%的变异现象。[14] 此外，增加精神分裂症风险的等位基因，同时也会增加双相情感障碍的风险。[15]

这种失望令人压抑。难以想象，这些科学家好几年来一直守着实验室，研究导致这些疾病的遗传变异，最后却发现不过是统计学上的偶然而已。我们认为自己会发现导致特定疾病的特定遗传缺陷，到头来，只发现生物体的复杂性超出想象。这就像考古学家使用雷达传感器确定新发现了金字塔深处的一块罗塞塔石牌（Rosetta stone）（解密古埃及文的钥匙 —— 译者注），但终于亲眼所见时用手电筒一照，才发现只是一堆沙子。

有些遗传性疾病是由影响重大的特定基因突变引起的。亨廷顿舞蹈病（又名伍迪·格思里病）就是很好的例子：如果带有该等位基因，就会得这种病。由隐性基因引起的疾病，如囊性纤维化（cystic fibrosis），如果携带两份有缺陷的等位基因，就会患上这种疾病。然而，最常见的遗传疾病截然不同。它们不是由几种可识别的、影响重大的遗传变异引起，而是由遍布基因组的数千种变异引起的，每种变异仅有细微影响。不仅精神分裂症、自闭症和双相情感障碍的情况如此，乙型糖尿病、高血压、冠状动脉疾病、偏头痛和肥胖症也是如此。

无法找到导致遗传性疾病的特定等位基因，被称为"遗传性缺失"（missing heritability）问题。[16,17,18] 遗传性并非真正缺失，有研究确切记录了基因造成的巨大影响。缺失的是鉴定遗传性的特定等位基因。如果精神分裂症患者的变异主要来自遗传变异，为什么如此难找到造成问题的特定等位基因呢？

其中一种可能是该变异很罕见，因此，即使会造成巨大影响也无法找到。基因份数的某些极罕见变异，确实会使重大精神障碍的患病风险增加5倍以上，但是它们自身不一定是致病原因。在自闭症中，仅5%的遗传变异来自罕见突变[19]；再者，罕见变异不太可能导致多发病例。有一项研究观察基因的常见遗传变异，以及影响精神分裂症的基因份数的罕见变异，结果发现，每个识别出的变异对患病风险整体变异的影响程度几乎一致，为0.04%，即万分之四。[20]几乎没影响。真搞不懂为什么所有变异的影响都一样，尽管程度细微。

虽面临挑战，但寻找精神障碍的遗传原因仍然进展很快。眼下就希望能发现有影响巨大的基因组合，可以识别引发问题的大脑回路。这些进展在本书出版前能够实现，也是有可能的，这样的话那就太好了。但目前看来，我们一直寻找的东西可能并不存在。本领域的顶尖研究者肯尼斯·肯德勒（Kenneth Kendler）说："最坏的结果就是只观察到一团乱象，但不可能会这样。可是，发现与某种疾病高度相关的一种路径，似乎也是不可能的……尽管我们也希望如此。具有高度影响的个体基因变异，似乎在重大精神疾病的病因学中的作用很小，甚至没作用。"[21]话说回来，这应该不足为奇；自然选择倾向于消除导致严重疾病的等位基因。

遗传性缺失不再那么神秘。有新研究表明，尽管特定等位基因的影响微弱，但可以通过许多等位基因复杂的相互作用来解释最大的影响。[22]然而，3个、10个特定等位基因的组合都不一定导致疾病。患病风险受到的影响来自数千个基因的变化，这些影响微弱的基因彼此之间、与环境之间相互作用。近期有报告指出，可增加精神分裂症患病风险的染色体，其遗传变异的数量与其大小成正比。[23]它们随机分布在整个基因组上，就像23根弦上的小串珠，弦越长，珠子越多。还有一个重要发现，即影响精神分裂症患病风险的等位基因，大部分也会影响双相情感障碍的患病风险。[24]

精神分裂症和自闭症的患病风险随父亲，而非母亲的年龄增加，这一发现表明，新的突变为原因所在。这是因为女性一生中供应的卵子，都是在出生时就已形成，但是，精子是不断由多个易出错的细胞分裂形成。[25,26] 然而，又有新研究表明，患病风险并非来自父亲生育孩子的年龄，但来自其生第一个孩子的年龄。[27,28] 男性晚育的子女患精神分裂症的风险更高。尽管如此，75%的新突变来自父亲，在子女患有精神分裂症的大龄父亲中占10%到20%。

新发现的大量事实揭示了标准架构的局限性。机械师的模型假设大脑由具有特定功能的分立电路构成，假设特定疾病可通过具有特定遗传原因的特定可识别脑病理来确定，还假设正常的大脑由正常的基因组构成，而异常的大脑则是异常基因的产物。但许多影响风险的等位基因并非异常，其中许多基因可影响多种疾病。根据更深层的演化观点，需要承认有机复杂性这一现实，不仅在机制中，还要在导致内在易感性的权衡中寻找病因。

我们除了寻找某些个体的故障部位和病因，还要思考为什么所有人类都易受伤害。许多美国读者都会收听一个很棒的公共广播节目"汽车谈话"（Car Talk），主持人（又名为Click and Clack, the Tappet Brothers）用浓重的波士顿口音和幽默的方式来诊断汽车问题。

听众来电描述了棘手问题。在达拉斯的莎莉有一辆名爵（MG），高温天气下开了一天后，就启动不了了。两位主持人首先诊断出汽车的故障点——汽锁（vapor lock），然后解释导致问题出现的机制——燃油泵只能移动液体，所以热油管中的汽油蒸发时，汽车要待到冷却才能启动。随后，主持人摇身变成了工程师，描述引起特定车型常见问题的设计缺陷：那一年的名爵车在热排气歧管旁有一条燃油管，导致特别容易出现汽锁。最后，他们还解释了为什么汽锁是所有带化油器的汽车的固有问题。我十几岁的时候，听到担任汽车工程师的邻居谈论他如何试图防止汽锁发生。我说："如果只是因为太热了，问题应该很好解决。"他说："是吗？发动机上方很热。你要把燃油泵和化油器放在哪里？"花费了数年时间想方设法降低这一问题影响的他，并没有耐心跟一个不明白汽锁具有不易解决的内在易感性的小屁孩解释太多。

精神分裂症、自闭症和双相情感障碍是否都源于人类大脑的类似内在易感性？若确是如此，则影响患病风险的遗传变异与病因的关系，恰似不同车型受汽锁影响的程度不同。演化方法建议寻找大脑信息处理系统中的内在限制。

可怕疾病的演化遗传学

精神分裂症或自闭症患者的后代数量，远远少于未患此症的兄弟姐妹，其中男性的后代比女性的要少。[29,30] 可能作为补偿，患者姐妹的子女会稍微多些，但其兄弟的子女就更少了。[31] 淘汰这些疾病的选择应该很强。

最可能的演化解释是，选择的能力是有限的。在一篇有影响力的评论文章中，马修·凯勒（Matthew Keller）和杰弗里·米勒（Geoffrey Miller）忽视环境错配的影响，还质疑精神障碍等位基因带来优势的观点。[32]他们总结说，最合理的解释是新突变不断出现，所以只能慢慢淘汰。这当然没错，也是精神障碍的主要原因。他们继续指出，大脑特别脆弱是因为其构建涉及众多基因。这可就值得怀疑了。身高受到更多基因的影响，但身高异常却并不常见。即使一个部件有问题，机器也会出现故障，可纵然有许多突变和轻微损坏，身体通常还能正常运作。

仅以突变为基础的模型意味着，某些正常基因的组合可以在最大化适应度的同时，完全预防疾病。但是，这可能不正确。即便所有突变都被消除，也还有可怕疾病的影响。有几种可能值得思考。

演化生物学家伯纳德·克雷斯皮（Bernard Crespi）及其同事提出了很有意思的想法，他们认为精神分裂症和自闭症是遗传不好的那一面，基因不惜牺牲宿主来完成自身的传递。[33,34]这一逻辑基于罗伯特·特里弗斯（Robert Trivers）的观察，再由哈佛大学生物学家戴维·海格（David Haig）进一步发展，即发育早期置于染色体上的化学标签，会抑制某些基因的表达。[35]肥胖症的这种印记（imprinting）过程的相关性已在第13章进行描述。印记也可以选择性地关闭基因，这取决于基因是来自母亲，还是来自父亲。[36]

来自母亲的基因，不仅会保持更小的胎儿体积来保护母亲，以在未来怀孕期间存有足够资源，还会确保安全分娩，从而获得优势。来自父亲的基因，则会让胎儿发育更大，消耗更多母亲储存的能量，因为她以后生的有可能不是他的骨肉。[37]细节很快变得复杂，但克雷斯皮已搜集到证据证明，父亲等位基因的过度控制可能会增加自闭症的风险，而母亲等位基因的过度不争可能会增加精神分裂症的风险。[38,39,40,41]

这预示着，出生时体重比平均水平重的婴儿，由于父亲的基因表达而更容易患上自闭症，而出生体重较轻的婴儿，则更容易患精神分裂症。值得注意的是，这项预测得到了对500万丹麦人的医疗记录的研究支持。[42]我不确定这个假设是否会被证实，但它很好地体现了从演化角度来看的创造性思维和研究。

男孩比女孩易患自闭症的概率要高好多倍。[43]即使是老鼠，雌鼠也更善于社交，而雄鼠则更善于系统化。对此，西蒙·拜伦-科恩（Simon Baron-Cohen）及其同事认为，自闭症根本就是雄性动物大脑的产物。[44]自闭症发病率的性别差异，与睾丸激素、基因组印记、基因对X和Y染色体或其他什么方面有关吗？这个问题的答案可能是理解自闭症的关键。

这些疾病的适应度成本巨大，这表示它们的症状或引发疾病的等位基因肯定会提供选择性优势。[45]这种想法激发了大量有创意的观点。其中一个想法是，精神分裂症患者可成为巫师或有魅力的领导者，由此获得的地位使他们得到更多交配机会。[46,47]这与表明这些疾病患者后代会减少的数据不一致，尽管最近的报告表明，具备创造性特征的精神分裂症患者可能有更多交配机会。[48]

另一个更合理的解释是，导致疾病的遗传倾向可能同时也带来其他优势。创造力和智力与双相情感障碍的关联，引起了巨大兴趣和许多研究。[49,50] 我那些特别有创造力的学术朋友，子女似乎特别容易患有严重的精神障碍，而我的那些严重疾病患者，他们的亲属似乎也很可能非常有创意。但这可能是种错觉。在大学行医，会增加与有创意之人的接触，而且，功成名就的患者及其亲属也更容易记住，因为他们符合这种模式。此外，患有严重疾病的人可能会选择创造性职业，因为他们很难找到和胜任其他类型的工作。又或者，也许是具有特殊能力的人特别有可能得到社会认可，这种认可会鼓励有更大的追求，从而使狂热加剧。与双相情感障碍相关的某些性状可能会带来好处，但我不认为创造力是主要影响因素。相反，它可能是情绪失调及其并发症中时而有幸出现的副作用。

这也得到了几项新研究的支持，即相关的益处会保留增加易感性的等位基因。一项针对双胞胎的研究发现，发生双相情感障碍的可能性，与高于平均水平的社会性和言语技能相关。[51] 耶鲁大学遗传学家雷纳托·珀利蒙蒂（Renato Polimanti）和约珥·格伦特尔（Joel Gelernter）刚发表的一篇文章提出，增加自闭症谱系障碍风险的等位基因受制于积极选择，据推测是因为这些等位基因有利于认知。[52] 另一项研究发现，与精神分裂症有关的基因生成的蛋白质数量，与言语学习能力有关。[53] 至于为何这么多影响微弱的等位基因，无法合起来产生巨大影响，似乎是因为大脑发育受到其复杂的相互作用的影响。[54] 然而，有关这些疾病的性状和基因可能带来的好处，已有大量说法建议，但都未经确认，因此还是有必要保持怀疑态度的。

新方法可以估计何时首次出现影响精神分裂症易感性的遗传变

异。最有可能是在人类与黑猩猩最后一个共同祖先之后的某个时间，也就是大约500万年前。[55] 一项针对增强特定基因表达的DNA片段的研究发现，影响大脑发育的DNA片段的演变速度是其他基因的5倍，这些变异也会增加阿尔茨海默病等晚期疾病的风险。[56] 这是很好的例子，能说明导致晚年疾病的等位基因是如何被选中的，因为它们可以更早地发挥优势。史蒂芬·科贝特（Stephen Corbett）、史蒂芬·斯特恩斯（Stephen Stearns）及其同事认为，这种被称为"拮抗多效性"（antagonistic pleiotropy）的现象，让所处生活环境与演化环境截然不同的生物体（如人类）耗费了巨大的成本。[57]

如果提高双相情感障碍易感性的等位基因，确实在人类演化过程中提供了选择性优势，那么这些等位基因应该已经广泛分布。或许这一情况已经发生。精神病学家哈高普·akiskal（Hagop Akiskal）及其同事令人称赞的研究表明，发展成熟的双相情感障碍只是情绪不稳障碍的冰山一角。[58,59] 轻度的情绪不稳可能很常见，因为尽管对某些人来说有害健康，从长远考虑的话，它们可以提高平均生殖成功率。这可能是因为躁狂能量爆发期间繁殖力增强，也可能是因为这些个体获得更多性伴侣。[60] 情绪障碍说明人类的塑造是如何以健康为代价换取繁殖成功的又一惨例。

另一种可能是，引发疾病的遗传变异不是缺陷，而是遗传脱轨，即仅在现代环境中导致饮食失调和药物滥用的正常变异。近几十年来，精神分裂症在现代环境中更常见的可能性已经提高了几次，但支持它的证据是有限的。[61,62] 近几十年来，精神分裂症有可能在现代环境中更加常见的观点得到了数次发展，但是予以支持的证据仍然有限。普遍认为各地的精神分裂症患病率都一样的看法，受到新的研究结果的挑战。该结果表明，该患病率在移民和城市居民所在地稍微高一点。[63,64,65]演化精神病学家杰·费尔曼（Jay Feierman）告诉我，旅行期间，他在靠狩猎生存和农业的文化中见过许多明显无误的精神病患者。更多的跨文化数据会有所用处，但这些障碍并非是主要发生在现代环境的疾病，如饮食失调和药物滥用。

还有一种可能的演化解释是感染。是影响大脑发育的感染引起可怕的疾病吗？妊娠期间会因感染弓形虫（Toxoplasma gondii）（一种与猫有关的寄生虫）而增加精神分裂症的风险。[66]母亲在妊娠中期感染流感，则婴儿的精神分裂症患病率也会有所增加。[67,68,69]这些感染对大脑发育的影响，可能有助于解释在不同时间和地点的患病率变化，不过，怀孕期间感染比较罕见，因此它们对整体的因果关系影响并不大。然而，这些感染确实提供了关键证据，即由于多种原因导致的神经发育中断，可能会导致类似的综合征。

关于为什么精神分裂症的等位基因会一直存在，人们的普遍看法是，这些基因在人类认知和语言的形成过程中被选中了。[70,71,72]这种说法长期以来似乎都说得过去，就是无法验证。不过，它为精神分裂症相关等位基因对认知的影响，寻找新的基因证据。[73,74,75,76,77,78,79,80,81,82,83]

在适应度悬崖失衡的大脑

以上讨论的想法都有助于解释为什么导致可怕疾病的等位基因依然存在，但我发现自己仍然想不明白为什么自然选择没有大大降低罹患这些破坏性疾病的风险。其中每种疾病的发病率约为1%。如果降到0.001%，那情况则大为改观，但1%是相对常见的。在我们的祖先离开非洲之前与有用的等位基因的联系，似乎提供了可能的解释[84]，但很久以前，遗传重组的过程就已会分裂配对。[85]我还难以理解，为什么很多不同基因的细微影响，可能引起相对一致的综合征。

对这个问题冥思苦想了几周后，我最终通过重读英国鸟类学家戴维·拉克（David Lack）的早期研究找到了灵感。[86,87]他思考为什么鸟类没有为提高后代数量而产下更多蛋，怀疑可能是多生有时有好处，但有时也会导致后代存活总数减少。为了验证这个想法，他将一些鸟巢里的鸟蛋移到其他巢穴。正如他所想，在巢中加一个蛋，雏鸟的平均数量增加，但增加超过一定数量，就会减少雏鸟的总数。他的见解启发我思考，"悬崖边缘的适应度地形（fitness landscape）"是否能解释对精神分裂症的易感性。[88]

生物学家用"适应度地形"来比喻性状变化如何影响达尔文适应度。例如，翅膀过长或过短的鸟都不太可能在暴风雨中存活[89]，因此，鸟类翼长的"适应度地形"呈山丘状，中间最高点为平均长度的适应度，两侧平缓下坡线表示过长或过短的适应度。翅膀过长和过短都有利有弊，因此必须做出权衡，其中许多与疾病有关。对此，伯纳德·克雷斯皮（Bernard Crespi）发表深刻见解，描述了由偏向其中一侧引起的"正相反障碍"（diametric disorders）。[90,91]

下文中的数据表示疾病的遗传易感性的标准模型。权衡是重中之重。例如，冒险的兔子有很高的捕食风险，但有足够的时间进食。谨慎的兔子可以免遭捕食，但没什么时间进食。中度谨慎的兔子具有最高的适应度，因此选择使其数量平均值达到峰值，基因和个体的适应度与最高健康度保持一致。突变造成分布区间扩大，导致某些个体具有远高于或低于平均值的性状。稳定选择会消除此类突变，缩小分布范围。

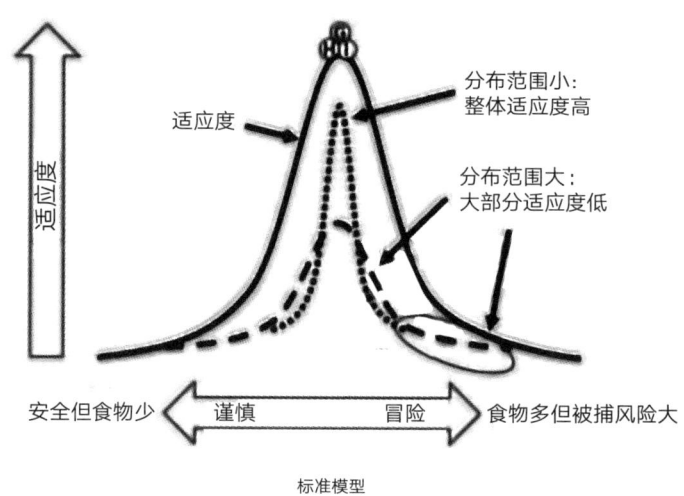

标准模型

实线表示不同谨慎程度的适应度。适应度最大化的个体（I）、基因（G）和健康（H）重合点位于适应度地形的最高点。谨慎程度分布窄（见点虚线），表示大多数个体的适应度高且健康状况良好。分布广（见破折号虚线），表示部分个体被捕风险高，还有部分个体挨饿风险高。

不过，"适应度地形"有可能不对称。有时，适应度会随性状朝某个方向发展而提高，但这一步迈得太大会直接掉下悬崖，就像装一个鸟蛋的鸟巢一下子出现很多鸟蛋一样。赛马很容易摔坏炮骨。那为什么自然选择没让它长厚点呢？有的，野马就不太可能摔断腿。然而，要培育出最快的马，会使其腿骨越来越细长，越来越轻。连续培育几代后，赛马跑速越来越快，但也越来越容易摔断腿。如今，赛马在比赛过程中摔断腿的概率为千分之一。[92]

　　因为所有赛马都是因为跑得快才被选中，所以摔断腿的马匹以及与其有亲缘关系的马，都不会比其他马匹快得多。同样的逻辑也可用来解释，为什么严重精神障碍患者的亲属也很难具备优势。对极端心智能力的强选择，可能给所有人类以思想，如赛马的飞腿，可快速奔跑，但容易受致命伤害。这种模式很符合"精神分裂症与语言和认知能力密切相关"的观点[93]，也符合"精神分裂症可能与人类的'心智理论'（theory of mind）能力密切相关"的观察结果（"心智理论"即人类可凭直觉大致理解他人动机和认知能力的能力）。[94,95]

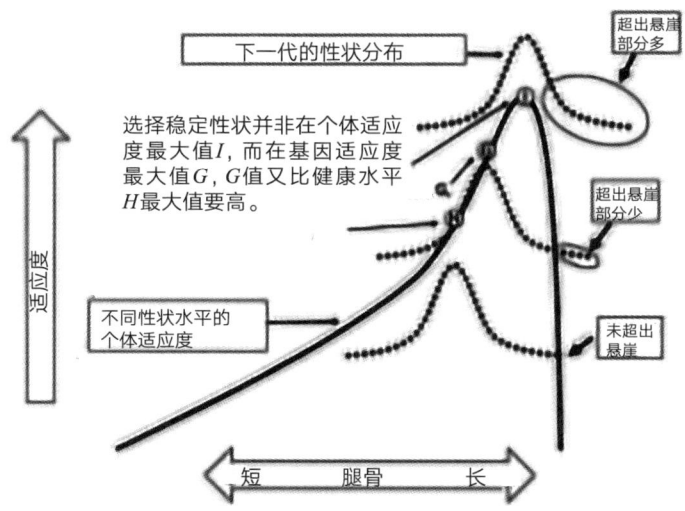

悬崖边缘的适应度函数如何使疾病不可避免地发生

具有不对称适应度函数的性状，不是在个体适应度
(I) 或健康水平 (H) 的最大值上稳定，而是在基因传递
(G) 的最大值上稳定，尽管会给少数个体造成可怕后果。

处于点I的个体会拥有最多后代，但这些后代身上会不可避免地出现变异（点I上方的虚曲线），即很多个体的适应度都在悬崖外，意味着容易患病。处于G点的个体会拥有的后代几乎同样多，但只有少数个体的适应度都在悬崖外。自然选择会在这点上稳定性状。处在H点的个体会拥有健康的后代，但数量更少，因此整体适应度会更低。

我创建的数学模型显示，只要性状的适应度处于悬崖边缘的峰值，选择都会使性状平均值略低于个体繁殖成功最大值，又略高于健康水平最大值。少数处在该性状平均值的个体，其适应度会在使其承担疾病高风险的悬崖外。[96]

从观察群体中少数个体得知，由悬崖边缘适应度函数引发的疾病具有遗传概率高，且这一风险概率会受到许多相互作用复杂、对疾病风险同样微弱作用的正常等位基因影响。这与许多疾病的数据相符。

许多性状都会遭受巨大损害。大脑和头部较大的婴儿具备优势，但在没有产科手术的环境中，哪怕只大一厘米，对母亲和婴儿来说都会有致命危险。[97]尿酸高可防止衰老，但只要高出一点，就会因尿酸在关节内结晶而导致痛风。[98]干细胞多可延缓衰老，但数量增加会更容易患癌。[99]神经元传播的某方面，可能已被推到悬崖边缘[100]，使大脑易出现癫痫，原因包括突变、感染、肿瘤、损伤和药物。

宿主和病原体之间的竞争特别容易造成陡峭的悬崖。[101]无法充分抵御感染就会死亡。为了确保抵御这些威胁的能力，免疫系统被塑造成具有一定侵略性，有时会攻击正常组织，导致风湿热、强迫症、类风湿性关节炎、多发性硬化症等自身免疫性疾病。[102]正因如此才会发现，许多对精神分裂症有影响的等位基因涉及尤其显著的免疫反应。[103]

阿尔茨海默病也可能涉及免疫益处的权衡。正在和已经死亡的神经元通常被"β–淀粉样蛋白"（amyloid beta）包围。科学家经常认为，这种蛋白质是新陈代谢的有毒副产物。然而，让人大失所望的是，阻止β–淀粉样蛋白合成的药物并不能减缓疾病发展。[104]原来，β–淀粉样蛋白是一种有效的抗菌剂[105]，并且修剪神经元和突触连接的系统依赖于部分免疫系统。[106]疱疹病毒残留物也被发现在阿尔茨海默病患者的大脑中更为常见。[107]人类对阿尔茨海默病的易感性可能与涉及免疫系统成本和多种益处的权衡有关。[108]

这些疾病可能都源于自然选择稳定靠近悬崖边缘的性状，尽管少数个体会遭受重创，但可以最大化遗传适应度。这个想法绝不会被广泛接受甚至认可，但无论如何我都要提出来，因为它有可能解释为什么我们无法找到特定精神障碍的特定遗传原因。在悬崖边缘模型中，问题不是来自有缺陷的基因，而是来自适应度地形的陡坡，这些陡坡由内在权衡造成，就像造成汽锁的权衡一样。二维地形的模型还较粗糙；实际情况中，适应度地形可能在多个维度都高低不平。对于某些疾病而言，易感性可能是由适应度地形中的陷坑所致。然而，就算这个模型没有其他用处，悬崖边缘的适应度地形也能促进寻找可能对解释可怕疾病至关重要的性状和权衡。

信息设备以特殊方式失灵

人们通常认为，精神疾病与其他医学疾病有本质区别。上述的6个演化原因都能导致两者的易感性，但大脑与其他器官存在一个很重要的差异：大脑是非常通用的信息处理设备。它能接收许多内外部来源信息，使用化学和电机制来处理信息，产生调整生理学和指导行为的输出。这种系统会以特殊方式失灵。

把大脑比喻成计算机很容易言过其实。工程师设计具有特定功能的分立组件的计算机。其中各组件分别负责击键转换为数字信号、在屏幕上创建图像、分配内存、确保零结尾的长字符串和计算所需内容。飞机和航天飞机都有备用计算机，以防主计算机出现故障。我们却没有备用大脑，但因为大脑是有机复杂的集成系统，所以尽管存在突变和轻微损坏，它们都能相对好地继续运转。

软件故障各有不同，不过这也为有机信息系统以不同方式失灵提供了有效类比。未能从环境中收到足够信号会造成严重的后果，就好比要登录计算机时，键盘却用不了了。同样，医疗患者的感觉输入减少，可能会引起谵妄和幻觉。软件程序会走进死胡同。这非常像一些精神分裂症患者所经历的"思想中断"，患者自称有时思维过程会突然停滞。

软件设计人员努力避免常需重新启动的无限循环。困扰许多偏执狂或强迫症患者的反思和困扰，似乎都相似。信息可以再反馈到同一个循环中，填满记忆后关闭系统。这就像躁狂或抑郁发作恶化到极点，然后被卡住。还让人联想到被心理学家称为"确认偏误"（confirmation bias）的人类倾向，这使我们优先考虑所有符合以往信念的信息，而忽略不符信息。询问精神分裂症患者对秘密警察进行间谍活动的担忧，可能会让某些患者认为，你的问题证明了你也是同谋。

信息论之父诺伯特·维纳（Norbert Wiener）在见解深刻的著作《控制论》中提出，失调的反馈控制系统可能是造成某些精神障碍的原因。他的想法与双相情感障碍密切相关。[109]大多数经历过生活逆转的人，都会放慢脚步，投入更少精力，但是双相情感障碍患者有时则恰好相反。遭受挫折后，大部分人会逐渐恢复乐观情绪并继续前进，但易出现情绪障碍的患者可能会陷入孤立抑郁的反馈螺旋中。

与此相反，大多数人在大获成功后，往往会好几天都无缘无故地情绪低落。心理学家指出，这种"拮抗作用"（opponent process）是人类动机系统的一般特征。[110]一名具有演化思想的作者甚至认为，极度快乐本身会引发极度抑郁，这是种维稳手段。[111]像这样有助于稳定情绪的系统，可能正是双相情感障碍患者所缺失的。

从演化的角度思考这些可怕的精神疾病，不仅有助于纠正过于简单的看法，即认为这些疾病都是受基因影响，由缺陷基因引起，还引起了对可能导致易感疾病的性状、适应度地形和控制系统的新关注。"这是些什么样的性状"，这个问题提得非常好。这些性状不可能像创造力或智力那么显而易见，反而可能出现在早期发育，如神经元的生长速率、青春期神经元修剪速率和神经网络传播速率等。在更高的层面上，将意义归因于他人轻微的示意动作可能会越来越有用，直至达到某个高峰时，超过后会崩溃成持续偏执狂。我非常清楚这些仅是猜测而已，实际的系统很可能复杂到难以理解。尽管如此，探究选择如何塑造使健康水平最大化，却让某些个体易受伤害的性状，为探索非人口遗传学和神经科学的起因提供了机会。

后记
演化精神病学：一架桥，而非一座岛

如果想法一开始就不荒唐，那也就没希望了。

——艾尔伯特·爱因斯坦

想法不常在。一定要付诸行动。

——阿尔弗雷德·诺斯·怀特海（Alfred North Whitehead）

为什么自然选择让人类如此容易受到那么多精神障碍的困扰？这个问题提得好，设法回答会加深我们对精神障碍的理解。本书的论点就这么简单，旨在鼓励认真对待这个问题，并探寻答案。这需要在横亘于演化生物学和精神病学之间的峡谷上建起一座桥梁，这个项目已经启动了。

19世纪中叶，游客挤满了尼亚加拉瀑布的海岸。显然，建一座连接加拿大和美国的大桥会很受欢迎，且效益可观。其他工程师都说不可能，但小查尔斯·埃立特（Charles Ellet, Jr.）接受了这个挑战。第一个任务是拉电缆。埃尔莱特于1848年1月宣布进行风筝比赛，为了比赛，不能使用船只、火箭和大炮。一个15岁的美国男孩霍曼·沃尔什（Homan Walsh）去到加拿大那一侧，日夜努力把他取名为"联盟"的风筝放到天上，绳子被远处的尖锐岩石划断，一下就松了。到第八天，渡轮才穿过冰面，于是他可以找回并修补风筝，又横穿边境再试一次。最终，接近尾声时，他的风筝跨越了峡谷。风筝的细绳串上一条较坚实的绳子，绳子又连接一条牵着电缆的绳索，就这样使第一座穿过尼亚加拉峡谷的桥成为可能。[1]

演化生物学和精神病学之间的峡谷也是又宽又深，水流湍急。许多绳索都被边缘锋利的岩石切断。本书也是抱着希望，带上另一条跨越峡谷的绳弦，接力连接更坚实的绳索和电缆。演化生物学是医学和所有行为研究的基础科学，为将其运用于精神障碍中提供了新视角，实现了新进展。

此处对精神障碍易感性的解释，代表着某种可能性，并没有给出明确答案。每种解释都需要众多科学家进行全面调查研究。我一直在尽力阐述某些解释如何与理论不一致，某些解释与事实相矛盾，但其他解释也未必一定真实，不过是最符合我们目前所知而已。每个有关演化和精神障碍的假设都需要进行验证。

这通常很难做到。不幸的是，看似很容易。人类大脑把经验按功能划分类别。椅子是用来坐的，锤子是用来敲的，眼睛是用来看的。因此自然也会思考，精神分裂症和神经性厌食症的功能是什么。但是，疾病本身没有功能。VDAA（视疾病为适应）是演化精神病学中犯过的最严重错误。人们也会自然地误以为，大多数事物都是适应。我最喜欢的怪异假设是，火烈鸟之所以是粉红色，是为了能在夕阳下伪装自己。生理学家和行为生态学家虽更加谨慎，但由于他们的日常工作都与适应有关，因此也倾向于认为，大多数性状存在的理由是提供益处，同时不可避免要做出权衡取舍。

其他科学家对于性状如何起作用的想法持质疑态度，甚至是怀有敌意。遗传学家和古生物学家在其日常工作中会遇到随机因素的影响，因此有些会倾向于认为，大多数基因和性状都是随机事件的产物，有时甚至将切实可行的假设当作虚构故事（just-so story），连证据或替代假设都不加以思考。有很多人则认为近似或系统发育（phylogenetic）的解释足以说明。

这些学派之间的争斗激起了一片科学非议。[2,3,4,5,6,7]一方面，他们错误地指责演化精神病学就是"适应主义"（adaptationism），尽管我努力强调，任何与身体有关的都不完美，很多问题都不过是无法补救的旧疾。另一方面，有演化心理学家认为我的方法太过愚钝，无法确认适应性功能的存在。这些团体之间的战斗就像是部落战争，夹杂着刻板印象、偏见和对不当现象的全面攻击。但是，概括性论证都会适得其反。要取得进展，就得验证特定假说。许多假说都值得拿到台面上来探讨。大多数会被事实打倒。这需要时间和资源。验证疾病易感性假设的最佳策略仍在发展，但实验、自然观察和比较方法都可以提供帮助。没有什么简单的方法可以按图索骥。[8]

这些挑战都不应妨碍我们通过对正常行为的认知，来了解异常行为。饮食失调并非源自选择，但在饥荒期间出现的调节饮食机制是的。多动症（ADHD）并非源自选择，但调节注意力的机制是的。严重的抑郁症并非取决于自然选择，但正常范围内的高涨和低落情绪能力是的。其余的医学领域把对正常功能的理解，当成理解病理学的基础。这使得它能够区分症状和疾病，识别有多种病因的综合征（如心力衰竭）。演化的框架为精神病学提供的基础，正如生理学和生物化学为其他医学提供的基础一样。

演化精神病学有何用？

当下，不仅患者需要帮助，从业者也需要更有效的治疗方法。如果你所爱之人因躁狂发作而入院治疗，那么你唯一关心的，只是医生已做出准确的诊断，并提供最有效的治疗方法。至于为什么我们都容易患躁狂症，这种思考似乎很无聊。如果你的配偶酗酒身亡，或孩子患有精神分裂症，或你自己患有抑郁症或强迫症，治疗也不起作用，"为什么演化使我们易受伤害"的想法也毫无关系和帮助。面对如此迫切的临床需求，可以理解有人会问："如果演化精神病学不能提供更好的治疗方法，为什么还要费心思考这些问题呢？"

原因有二。从长远来看，演化的观点会改变我们对精神障碍的理解，从而有助于发现更好的治疗。从短期来看，即使是现在，演化观点也会有所帮助。

演化的基础会推动研究发展，解决一些持久争议。如果我能再次见到A女士，她再问我是否意识到精神病学让人很困惑，我会告诉她，很多困惑都可以解决。不好的感觉，也是有好理由的。焦虑和抑郁往往会过度，是因为它们以我们为代价，让基因收益，是因为烟雾检测原理的存在，是因为我们所处的现代环境，是因为监管机制本身就很脆弱。从大脑找原因虽值得一试，但由于它是种信息处理机制，因此或许只能找到针对某些疾病的特定原因和大脑异常。最后还会发现，其他疾病是类似于肾功能衰竭或心力衰竭的综合征，可能有很多原因。一些为自上而下的原因，如通过基因和大脑机制；另一些则是自下而上的原因，如通过信息和信息处理。这两类原因相互作用，相互交织，但这不是乱状，只是现实。演化的框架有助于理解精神疾病。

需要做出一些改变，才能从演化的角度获益。所有健康领域的专业人员和研究人员都应该学习演化生物学的基本原理。心理健康专业人员还应该了解自然选择如何塑造大脑和行为。这也不会一蹴而就，因为很少有健康教育专业人员具备足够的演化生物学知识用以传授，甚至不足以坚持将该科目纳入课程范围。制定新的教育资源和课程指导方针会加快发展进程。既然教育至关重要，那么资金优先事项也需要改革。对导致特定疾病的特定遗传和大脑异常研究，几乎拿到了所有的研究经费。有人会说，这种范式已经走到了尽头。我并不希望如此，但也没有必要把所有鸡蛋都放在同一个筐里。正如乔纳斯·索尔克（Jonas Salk）所说，新问题可能意味着新发现。为研究新问题提供资金，会给精神病学开辟出新方向。弄清生活情境如何影响情绪至关重要。正常的低落情绪如何受调节和起作用，也需要进行研究。此外，还要调查能减轻症状的药物如何扰乱情绪机制。鉴于停止做无用功的适应性价值，需要重启持久性研究。易滥用药物的人会有惊人的觅食模式。控制论方法与演化、心理学和神经科学的整合带来了巨大希望。一旦有赞助人认识到这是千载难逢的机会，数十项研究便可以立即启动。

虽然目标在于改善治疗，但如果演化精神病学只成为另一种治疗类型，会造成很大损失。不同的治疗往往变成持有共同信念的孤立岛屿。这种信念会影响他们做什么，或更常见的是，影响他们不做什么。在职业生涯早期，我看到许多严重焦虑或抑郁症的患者拒绝服用药物，还说"药物只会掩盖症状，我需要找到原因"。当时盛行的心理动力学模式阻止了他们接受眼前的药物治疗。随着岁月流逝，电视上出现更多药物广告，以往的模式被推翻。我给一名极度沮丧的22岁男性患者提供咨询，5种不同药物对他的症状都没有效。他住在父母家的地下室，大部分时间都呆呆盯着墙看，有时也看电视或玩电子游戏。我问他有什么生活目标，他回答："我必须先克服抑郁症，才能做其他事情。"当我问他打算怎么办，他说："这是脑疾，所以我只能等到他们研制出有效药。"

精神障碍的模式（schema）也限制了临床医生和研究人员看问题的角度。一些将问题归因于脑疾的医生，几乎不需要得到详细病史；他们只满足于做诊断，实施已获批准的疾病治疗方法。相反，将问题归因于早期经历引发的精神冲突的临床医生，会竭尽全力挖掘病患的记忆，将其与当前行为联系起来，有时不利于考虑脑部问题和当前的生活状况。演化精神病学在这些不同观点之间架起了桥梁，为乔治·恩格尔（George Engel）的生物心理社会模型提供了根据和架构。它不是将个体的问题归咎于某个特定原因，而是鼓励考虑多个因素的相互作用，以及如何运用不同疗法解决问题。

诊所现状

我的朋友兼同事、罗马大学的精神病学家阿方索·特罗伊西（Alfonso Troisi），曾合作撰写了《达尔文精神病学》（*Darwinian Psychiatry*）。他让我相信，了解演化可以提高临床医生的工作效率。[9,10]演化研究者可以更好地理解在追求目标过程中遇到困难时产生的动机和情绪。他们对关系的理解，有助于理解为什么冲突不可避免，以及如何减少冲突。德国演化精神病学家马丁·布隆（Martin Brüne）著有《演化精神病学》（*Evolutionary Psychiatry*），也主张将演化的观点引入诊所。[11]英国精神病学家利雅得·阿拜德（Riadh Abed）和保罗·圣约翰-史密斯（Paul St. John-Smith）在英国皇家精神病学院（Royal College of Psychiatry）组织了数百名观点一致的同行人士。保罗·吉尔伯特（Paul Gilbert）和莱夫·肯尼尔（Leif Kennair）等临床心理学家正在使用演化的思维，来改善认知行为疗法的效果。[12,13,14,15]这些研究型临床医生会给下一代以启发。

尽管我现在不愿意宣称有快速效益，但了解演化和行为已经改变了我对许多情况的治疗。如果临床医生认识到惊恐发作是"战或逃系统"（fight-or-flight system）中的误报，且烟雾探测器原理也解释了为什么误报是常见的，那么恐慌症的治疗就会得到改善。通过认识到严重节食会唤醒易于引发积极反馈螺旋的饥荒保护机制，就能改善饮食障碍的治疗。学习机制遇到超出人类祖先想象的物质和传递途径时会致瘾，认识到这一点可以改善成瘾治疗。而接受过我培训的精神病学住院医师告诉我，他们发现，问抑郁的患者"你有没有在做一件既没法成功又不能放弃，且非常重要的事情？"这个问题极其有用。

理解社会选择，为理解承诺关系以及内疚和社交焦虑的普遍性提供了基础。认识到基于交换和基于承诺的关系之间的张力，有助于与

患者讨论治疗关系能够和不能够提供什么。意识到长时间的亲密谈话
会自动创造亲密感，有助于保持治疗关系的专业性。

　　这些来自演化精神病学前沿的见解目前都在发挥作用，但它们不
应被视为"演化疗法"（evolutionary psychotherapy）。桥梁比建一座
新岛屿的成就要大得多。

为什么生活充满苦难？

　　我们绕了一大圈，又回到这个最大的问题上。对于我们这些幸运
的人来说，人生的开场和成为佛陀的小男孩悉达多（Siddhartha，释
迦牟尼的本名）的一样。虽然没有像他那样集万千宠爱于一身，但我
们早年都是在象牙塔中度过的，受到父母的宠爱和保护，甚至不知
道在更大的世界中会存在痛苦。在悉达多终于获准入城时，面对生命
的痛苦和悲伤，突然激发了他想要寻找起因和解决方法。他的结论是，
苦难起源于欲望。这似乎很有道理。如果悉达多生活在今天，他可能
会问，为什么自然选择塑造了欲望，以及追求目标引起的痛苦和愉悦
情绪。

　　常见的答案很简单：塑造人类大脑的目的是为了使基因传递最
大化。情绪是在某些情况下有所用处的特殊运行模式。但是，从更巧
妙的角度来看，可以避免愤世嫉俗和决定论。我们有纯真善良和关怀
的能力。这些能力以内疚和悲伤为代价，使生命变得有价值。我们有
控制欲望的内在机制。它们虽不总是可靠，但可以让我们大多数人保
持幽默感，维护好关系，不为我们未拥有的东西徒添担忧。所有这一

切，都是以过分在意他人对自己的看法为代价。这些自然选择的产物，共同让很多人，甚至大多数人的生活变得快乐，充满意义。所有这些都鼓励再反向思考一个问题。我们不应在面对生活的苦难时惊恐万状，而要为如此多人心理健康的奇迹报以敬畏之心。

延伸阅读

Alcock J. The triumph of sociobiology. New York: Oxford University Press, 2001.

Archer J. The nature of grief. New York: Oxford University Press, 1999.

Baron- Cohen S (ed). The maladapted mind: classic readings in evolutionary psychopathology. Fast Sussex: Psychology Press, 1997.

Brüne M. Textbook of evolutionary psychiatry: the origins of psychopathology. 2nd Oxford: Oxford University Press, 2016.

Dugatkin LA. The altruism equation: seven scientists search for the origins of goodness. Princeton, NJ: Princeton University Press, 2006.

Gilbert P, Bailey KG. Genes on the couch: explorations in evolutionary psychotherapy. Philadelphia: Taylor & Francis, 2000.

Horwitz AV, Wakefield JC. The loss of sadness: how psychiatry transformed normal sorrow into depressive disorder. New York: Oxford University Press, 2007.

Hrdy SB. Mothers and others: the evolutionary origins of mutual understanding. Cambridge, MA: Belknap Press of Harvard University Press, 2009.Konner M. The tangled wing: biological constraints on the human spirit. 2nd ed. New York: Times Books, 2002.

Low BS. Why sex matters: a Darwinian look at human behavior. Princeton, NJ: Princeton University Press, 2015.

McGuire MT, Troisi A. Darwinian psychiatry. New York: Oxford University

Press, 1998.

Natterson- Horowitz B, Bowers K. Zoobiquity: the astonishing connection between human and animal health. New York: Vintage, 2013.

Nesse RM, Williams GC. Why we get sick: the new science of Darwinian medicine. New York: Vintage Books, 1994.

Pinker S. The blank slate: the modern denial of human nature. New York: Viking, 2002.

Ridley M. The origins of virtue: human instincts and the evolution of cooperation. New York: Viking, 1996.

Rottenberg J. The depths: the evolutionary origins of the depression epidemic. New York: Basic Books, 2014.

Taylor J. Body by Darwin: how evolution shapes our health and transforms medicine. Chicago: University of Chicago Press, 2015.

Wenegrat B. Sociobiological psychiatry: a new conceptual framework. Lexington, MS: Lexington, 1990.

Zimmer C. Evolution: the triumph of an idea. New York: Random House, 2011.

致谢

本书也是选择的产物。数十年来，我一直把这些想法一点点抛给同事和朋友并起草书稿，他们或思考反馈，或弃之不顾。这些交流和评论否定了很多荒唐想法，解决了很多困惑，帮助我捕捉到了很多想法，如果不这样，这些想法或许会转瞬即逝。需要特别感谢的是芭芭拉·斯摩斯（Barbara Smuts）、琳达·A·W·布拉克尔（Linda.A.W.Brakel）和理查德·尼斯贝特（Richard Nisbett）。芭芭拉是心理学家兼灵长类动物学家，其研究工作和友情帮助给予我启发。琳达是精神分析学家、精神病学家和哲学家，多年以来，每周都与芭芭拉和我共同探讨，帮助我的想法逐渐成型，为本书各章节的书稿提供了很多精辟的批判性建议。迪克是社会心理学家，其研究工作和真挚友谊给我极大鼓舞，对本书书稿提出了宝贵评论。

我在密歇根大学的学生和同事也都给予我莫大的鼓励，提出了批评建议。很多届精神病学住院医师都学习了我教授的演化和精神障碍课程。还有一组人参与通读上一版的整本书稿，并提出了中肯的建议，包括瑞安·爱德华兹（Ryan Edwards）、劳伦·爱德华兹（Lauren Edwards）、（Srijan Sen）、玛吉特·博米斯特（Margit Burmeister）、保罗·赖特（Paul Wright）和沙维塔·拉姆达斯（Shweta Ramdas）。目前这一版本的改动很大,他们可能都认不出是原来那本书了。密歇根大学多位精神病学教授对我的研究生涯给予启发,包括约翰·格雷登(John Greden)、伯纳德·卡罗尔(Bernard Carroll)、乔治·柯蒂斯(George Curtis)、凯文·克尔(Kevin Kerber)、詹姆斯·阿尔贝森(James Abelson)以及奥利弗·卡梅伦(Oliver Cameron)。

20世纪最后20年里,密歇根大学营造了良好的学术环境。演化生物学家理查德·亚历山大(Richard Alexander)召集了核心科学家讨论演化和行为的相关重要议题。这个团体后来发展成为"演化与人类行为计划"(Evolution and Human Behavior Program),成员包括芭芭拉·斯摩斯(Barbara Smuts)、理查德·兰厄姆(Richard Wrangham)、波比·劳(Bobbi Low)、华伦·霍姆斯(Warren Holmes),戴维·巴斯(David Bus)和我。贝弗丽·斯特劳斯曼(Beverly Strassmann)、保罗·特克(Paul Turke)、劳拉·贝兹格(Laura Betzig)和保罗·艾沃德(Paul Ewald)等年轻科学家会员也继续在自己的领域发光发热。该团体解散后,多亏了南茜·康托尔(Nancy Cantor),密歇根大学提供经费让我继续担任"演化与人类行为计划"的负责人。密歇根大学还有很多博学多识的演化思想家,包括心理学家菲比·埃尔斯沃思(Phoebe Ellsworth)和哲学家艾伦·吉巴德(Allen Gibbard)和彼得·雷尔顿(Peter Railton),他们的演化与道德主题午餐会帮我厘清很多问题。密歇根大学批准的假期时间也为本书成功面世提供了时间保障,其中一段时间待在柏林高等研究院(Wissenschaftskolleg zu Berlin),那里的环境绝佳,非常有利于发挥批判性思维。

约翰·霍兰德（John Holland）、鲍勃·阿克塞尔罗德（Bob Axelrod）、波比·劳（Bobbi Low）和卡尔·西蒙（Carl Simon）对复杂性理论起到奠基性的作用，多年来与遗传学家吉姆·尼尔（Jim Neel）经常性的午餐对话提供了基因学的高深教育和慷慨典范，从世界一流的科学家到好奇求知的医生。比尔·汉密尔顿（Bill Hamilton）、乔治·威廉斯（George William）、比尔·艾恩斯（Bill Irons）、拿破仑·沙尼翁（Napoleon Chagnon）、马丁·戴利（Martin Daly）和马戈·威尔逊（Margo Wilson）等访问学者也扩宽了我们的视野。密歇根大学中，尽最大努力帮助我完成工作的人是南茜·康托尔（Nancy Cantor）。她在负责教务工作期间，为我安排了从医疗中心到重点大学的一半预约，我才能完成发展演化医学的所需工作。

很多朋友和同事都针对章节内容或整本书，逐句提出详细评注。希尔维亚·邦纳（Sylvia Bonner）、安妮特·霍兰德（Annette Hollander）、理查德·尼斯贝特（Richard Nisbett）、卡尔·卡尔森（Carl Carlson）、霍利·卡尔森（Holly Carlson）、琳达·贝拉克尔（Linda Brakel）、霍利·史密斯（Holly Smith）和保罗·圣约翰–史密斯（Paul St. John-Smith）的不吝赐教和细致评述，大大改善了阅读体验。泰勒·奎格利（Tyler Quigley）腾出一整个暑期来完成编辑工作，帮助我找到遗漏的参考文献。玛莉亚·克林格（Maria Klingler）和切尔西·兰朵琳（Chelsea Landolin）仔细阅读本书，给出了既鼓舞人心又具批判性的评论。茱丽娅·海曼（Julia Heiman）、玛莲娜·苏克（Marlene Zuk）、劳拉·贝兹格（Laura Betzig）和汉娜·库克（Hanna Kokko）均为关于性的章节提供重要建议。

与演化精神病学领军人物的交谈和友谊启发了很多想法，让本书得以面世。其中包括丹尼尔·斯坦（Daniel Stein）、马丁·布隆（Martin Brüne）、约翰·普莱斯（John Price）、拉塞尔·加纳尔（Russell Gardner）、利雅得·阿拜德（Riadh Abed）、保罗·圣约翰-史密斯（Paul St. John- Smith）、丹尼尔·威尔逊（Daniel Wilson）、丹尼尔·内特尔（Daniel Nettle）、保罗·吉尔伯特（Paul Gilbert）、里昂·斯洛曼（Leon Sloman）、道格拉斯·克莱默（Douglas Kramer）、杰·费尔曼（Jay Feierman）、彼得·阿德里安斯（Pieter Adriaens）、约翰·比厄斯（John Beahrs）、杰里·韦克菲尔德（Jerry Wakefield）、艾伦·霍洛维茨（Allan Horowitz）、杰·贝尔斯基（Jay Belsky）、卡尔曼-格兰茨（Kalman Glantz）、伊科·弗里德（Eiko Fried）、马修·凯勒（Matthew keller）、安迪·汤普森（Andy Thompson），他们都提供了不少帮助，而布兰特·温涅格拉（Brant Wenegrat）、梅尔文·康纳（Melvin Konner）、阿方索·特罗伊西（Alfonso Troisi）和迈克尔·麦克奎尔（Michael McGuire）也为本书做出最大贡献，他们的演化精神病学奠基性著作在数十年前就开辟了这一领域。

我希望，本书会成为我的代理人约翰·布罗克曼（John Brockman）和卡迪卡·马逊（Katinka Matson）发展很好的"第三种文化"的典范，他们都是才华横溢的艺术家，其作品和博客Edge.org blog为推动严肃新科学的流行提供了新的发表空间。我特别感激卡迪卡在这一过程很多阶段中的耐心与睿智建议。

最后，有两位编辑给予了最多的帮助与支持，帮助这份手稿成型，那就是我的好妻子、小说家玛格丽特·尼斯（Margaret Nesse）和达顿出版社的优秀编辑史蒂芬·摩洛（Stephen Morrow）。献予他们最衷心的感谢，以及其他每一位我无以回报的人。我希望他们和所有其他曾伸出援手的人会倍感欣慰地看到，本书尽其所能促进我们对精神障碍的理解，致力于寻找更有效的疗法。

扫描二维码，进入一推君的奇妙领地。

回复"给坏情绪一个好理由"，获取本书注释。

图书在版编目（CIP）数据

给坏情绪一个好理由 /（美）伦道夫·M. 尼斯著；钟欣奕译. — 长沙：湖南科学技术出版社，2022.5
ISBN 978-7-5710-1298-4

Ⅰ.①给… Ⅱ.①伦… ②钟… Ⅲ.①情绪—自我控制—通俗读物 Ⅳ.① B842.6-49

中国版本图书馆 CIP 数据核字（2021）第 254502 号

本书由北京东西时代数字科技有限公司提供中文简体版授权
著作权登记号 18-2022-070

GEI HUAI QINGXU YI GE HAO LIYOU
给坏情绪一个好理由

著者	**印刷**
[美] 伦道夫·M. 尼斯	长沙鸿和印务有限公司
译者	**厂址**
钟欣奕	长沙市望城区普瑞西路858号
出版人	**邮编**
潘晓山	410200
策划编辑	**版次**
李蓓	2022 年 5 月第 1 版
责任编辑	**印次**
李蓓	2022 年 5 月第 1 次印刷
营销编辑	**开本**
周洋	880mm×1230mm 1/32
出版发行	**印张**
湖南科学技术出版社	10.5
社址	**字数**
长沙市芙蓉中路一段 416 号	245 千字
泊富国际金融中心	**书号**
http://www.hnstp.com	ISBN 978-7-5710-1298-4
湖南科学技术出版社	**定价**
天猫旗舰店网址	68.00 元
http://hnkjcbs.tmall.com	（版权所有·翻印必究）
邮购联系	
本社直销科 0731-84375808	